蔬菜主要病虫害
安全防控原理与实用技术

郭喜红　董　民　尹　哲　主编

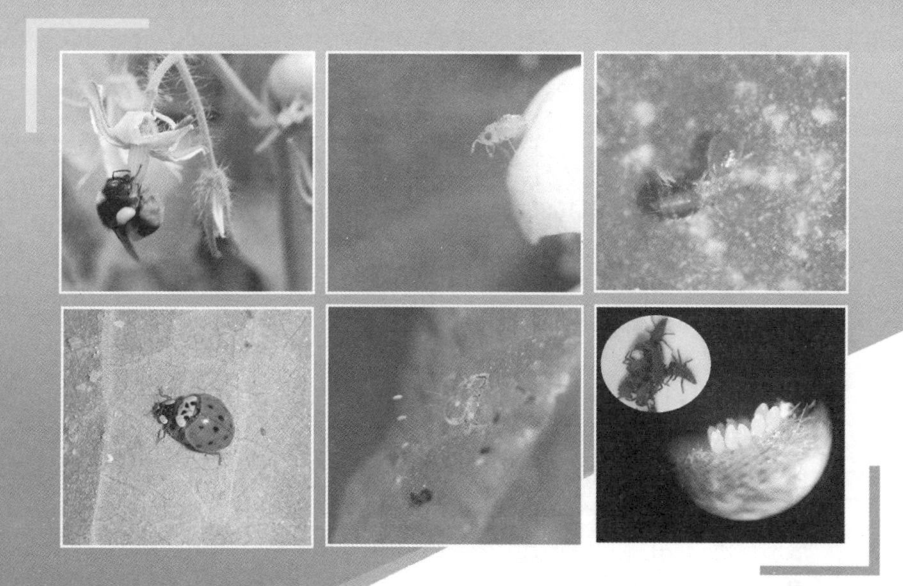

中国农业科学技术出版社

图书在版编目（CIP）数据

蔬菜主要病虫害安全防控原理与实用技术 / 郭喜红，董民，尹哲主编．—北京：中国农业科学技术出版社，2014.1

ISBN 978 – 7 – 5116 – 1445 – 2

Ⅰ．①蔬… Ⅱ．①郭…②董…③尹… Ⅲ．①蔬菜 – 病虫害防治 Ⅳ．①S436.3

中国版本图书馆 CIP 数据核字（2013）第 278794 号

责任编辑 史咏竹
责任校对 贾晓红

出 版 者 中国农业科学技术出版社
北京市中关村南大街 12 号 邮编：100081
电　　话 (010) 82106626（编辑室）(010) 82109702（发行部）
(010) 82109709（读者服务部）
传　　真 (010) 82106626
网　　址 http://www.castp.cn
经 销 者 各地新华书店
印 刷 者 北京富泰印刷有限责任公司
开　　本 880 mm ×1 230 mm 1/32
印　　张 6.875
字　　数 177 千字
版　　次 2014 年 1 月第 1 版 2014 年 1 月第 1 次印刷
定　　价 23.00 元

《蔬菜主要病虫害安全防控原理与实用技术》

编委会

主　编　郭喜红　董　民　尹　哲

编　者　（以姓氏笔画为序）

王艳辉　王　璐　刘春来

孙艳艳　杨得草　李金萍

李　慧　谷培云　宋玉林

张　宁　张红霞　张桂娟

赵世恒　胡学军　侯峥嵘

原　锴　梁铁双

序

“十二五”时期是形成城乡经济社会发展一体化新格局的关键时期，也是都市型现代农业全面深入发展的重要时期。北京市发展高端、高效、高辐射的都市型现代农业，对农产品质量安全、生态环境改善和农业可持续发展提出了更高的要求。农业发展进入从传统农业向现代农业转化的新阶段，安全、优质、高端的蔬菜产业成为都市型现代农业的主要形态。树立蔬菜病虫害安全防控的理念，加快推进蔬菜病虫害安全防控新产品、新技术的应用与推广，成为当前植物保护战线的重点工作，对保障农产品安全和生态安全、推进都市型现代农业发展具有重要的现实意义。

本书依据多年的研究成果与推广经验，系统比较了当前“无公害农产品、绿色食品和有机产品”3类安全农产品在技术体系、评价过程及质量标准等层面上的差异性，重点阐述3类安全蔬菜生产的通用技术与关键技术，一方面，为消费者介绍各类安全蔬菜的生产过程，倡导明白、理性消费，另一方面，也希望能为各类安全蔬菜生产者提供一定的技术指南与依据。

由于编者的水平和时间有限，本书存在疏漏和不足之处，真诚希望有关专家和老师指正。

编　者

2013年12月

目　　录

第一章　病虫害安全防控的概念与评价体系

第一节　病虫害安全防控的概念

一、安全农产品生产与病虫害安全防控的关系

随着中国经济的飞速发展以及人民生活水平的不断提高，消费者对安全食品的需求与关注程度越来越高。什么样的食品才能称其为“安全食品”呢？从法规、标准的角度来讲，以政府颁布的各项食品卫生标准《中华人民共和国食品安全法》等法规、标准，农药、重金属、硝酸盐、有害生物（包括有害微生物、寄生虫卵等）等多种对人体有毒有害物质的残留量均在限定的范围或阈值以内的农产品属于安全农产品的范畴。按照推荐性认证种类而言，目前市场上常见的安全农产品包括“无公害农产品”、“绿色食品”和“有机产品”三大类。

同样，对于安全蔬菜产品而言，应分别按照“无公害农产品”、“绿色食品”和“有机产品”三类相关标准进行生产与管理，按照相关要求进行病虫害防控，才能最终获得相关认证。

二、无公害农产品、绿色食品和有机产品的概念与区别

根据各自的标准，3 种安全农产品的概念分别如下。

（一）无公害农产品

无公害产品是指产地环境、生产过程和产品质量符合国家有关标准和规范的要求，经认证合格获得认证证书并允许使用无公害农产品标志的，未经加工或者初加工的食用农产品。

其具体内容包括：农药、重金属、硝酸盐、有害生物（包括有害微生物、寄生虫卵等）等多种对人体有毒有害的物质的残留量，以国家颁布的各项食品卫生标准为依据，限定在安全阈值范围以内的产品。

无公害农产品有全国统一的名称与标志，其标志图案主要由麦穗、对勾和“无公害农产品”字样组成，麦穗代表农产品，对勾表示合格，金色寓意成熟和丰收，绿色象征环保和安全（图 1－1）。

图 1－1　无公害农产品标志

（二）绿色食品

绿色食品，是指产自优良生态环境、按照绿色食品标准生产、实行全程质量控制并获得绿色食品标志使用权的安全、优质食用农产品及相关产品。绿色食品又分 A 级绿色食品和 AA 级绿色食品（AA 级绿色食品的质量标准等同于有机食品）。其中，A 级绿色食品系指生产地的环境质量符合 NY 391—2000《绿色食品　产地环境技术条件》要求，生产过程中严格按照绿色食品生产资料使用准则和生产操作规程要求，限量使用限定的化学合成生产资料，产品质量符合绿色食品产品标准，经专门机构认定，许可使用 A 级绿色食品标志的产品。绿色食品包括初级农产品和加工产品。

绿色食品标志是指“绿色食品”、“GreenFood”、绿色食品标志图形及这三者相互组合组合方式见图 1－2。其中，绿色食品标志图形由 3 部分组成，上方的太阳、下方的叶片和蓓蕾，标志图形整体为正圆形，意为保护、安全。整个图形描绘了一幅明媚阳光照耀下的和谐生机，预示绿色食品是出自纯净、良好生态环境的安全、无污染食品，能给人们带来蓬勃的生命力；并提醒人们要保护环境和防止污染，通过改善人与环境的关系，创造自然界新的和谐。

图 1－2　绿色食品标志组合方式

绿色食品标志的注册在以食品为主。绿色食品标志商标作为特定的产品质量证明商标，已由中国绿色食品发展中心在国家工商行政管理局注册，注册类别为第1、第2、第3、第5、第29、第30、第31、第32、第33类共九大类食品，其商标专用权受《中华人民共和国商标法》保护，并在中国香港和日本等地注册使用，为全国统一的绿色食品名称及商标标志。

（三）有机产品

通常是指来自于有机农业生产体系，按照GB/T 19630—2011《有机产品》相关生产要求和标准生产、加工的，并通过独立的有机食品认证机构认证的供人类消费、动物使用的产品，包括食用（初级及加工）农产品、纺织品及动物饲料等。有机农业是一种完全不用或基本不用人工合成的化肥、农药、生长调节剂和饲料添加剂的生产体系。

有机产品标识为国家统一的名称及标志。有机产品标识图案由3部分组成（图1－3）：外围的圆形、中间的种子和周围的环行线条。外围的圆形形似地球，象征和谐、安全；圆形中的

图1－3　中国有机产品与中国有机转换产品标识

“中国有机产品”字样为中英文结合方式，既表示中国有机产品与世界同行，也有利于国内外消费者识别；种子的图形代表生命萌发之际的勃勃生机，象征了有机产品是从种子开始的全过程认证，同时昭示出有机产品就如同刚刚萌生的种子，正在中国大地

上苗壮成长。

除了概念和标识之外，这3类安全食品在执行标准、生产管理、认证监管及市场定位等方面均有一定的区别，详见表1-1。

表1-1　无公害农产品、绿色食品和有机产品比较

		无公害农产品	绿色食品	有机产品
特征目标		重安全、须环保；基本安全	安全、环保两者并重；环境良好，食品安全优质	重环保、强调特殊农产品安全；回归自然
法规	法律法规	2002年4月，中华人民共和国农业部（以下简称农业部，全书同）发布的《无公害农产品管理办法》	《中华人民共和国商标法》《中华人民共和国产品质量法》《中华人民共和国农业法》《中华人民共和国农产品质量安全法》《中华人民共和国商标法》；农业部2012年6月颁布的《绿色食品标志管理办法》	GB/T 19630—2011《有机产品》
	体系结构	产地环境质量、投入品使用准则、生产技术规范、产品标准质量	绿色食品产地环境质量标准，绿色食品生产技术标准，绿色食品产品质量标准，绿色食品包装贮运标准	生产、加工、标识、销售与管理体系
认证体系	标准水平	部分等同于国内普通食品标准，部分稍高于国内普通食品标准	AA级等效采用欧盟和国际有机运动联盟（IFOAM）的有关标准的原则；A级产品标准参照联合国粮农和世界卫生组织食品法典委员会（CAC）标准、欧盟质量安全标准，高于国内普通食品标准	强调生产过程的自然回归，与传统所指的检测标准无可比性
	认证机构	农业部农产品质量安全中心	农业部中国绿色食品发展中心所属事业单位	国家认证认可监督管理委员会（CNCA）授权的有机产品认证机构
	认证办法	农产品产地认证和产品认证	依据标准，实施全过程的质量控制	依据标准检查生产、加工过程，监督销售与质量管理体系

（续表）

		无公害农产品	绿色食品	有机产品
市场定位	生产资料	生产资料符合国家标准和法规要求	生产资料符合绿色食品生产资料通用性准则（农药、肥料、兽药、食品添加剂、饲料及饲料添加剂）要求，加工主原料是绿色原料产品	生产资料和原料满足GB/T 19630—2011《有机产品》（包括附录）的要求，且尽量是同一生产体系内部循环的自然物质
	质量水平	中国普通农产品质量水平（有农药、有化肥）	等同发达国家普通农产品质量水平（减农药，减化肥）	等同生产国或销售国有机农产品质量水平（无农药、无化肥）
	产品结构	初级农产品为主	初级农产品及其加工品为主	初级农产品及其加工品为主

第二节　病虫害安全防控的评价体系

无公害蔬菜、绿色食品蔬菜及有机蔬菜三大类安全蔬菜生产中病虫害防控的评价体系分别由各自生产标准、质量标准以及评价过程构成。

一、生产标准

（一）无公害蔬菜生产标准

无公害农产品标数量众多，其标准体系框架可分为“产品类”标准和“通则类”标准（图1-4）。其中，“通则类”标准分别包括：产地环境条件、投入品使用准则（农药、肥料）、生产技术规范及多个认证管理技术规范。产品类型包括各类蔬菜等多种产品类标准。

值得注意的是，2013年6月颁布的《中华人民共和国农业部公告　第1963号》，根据《中华人民共和国食品安全法》规

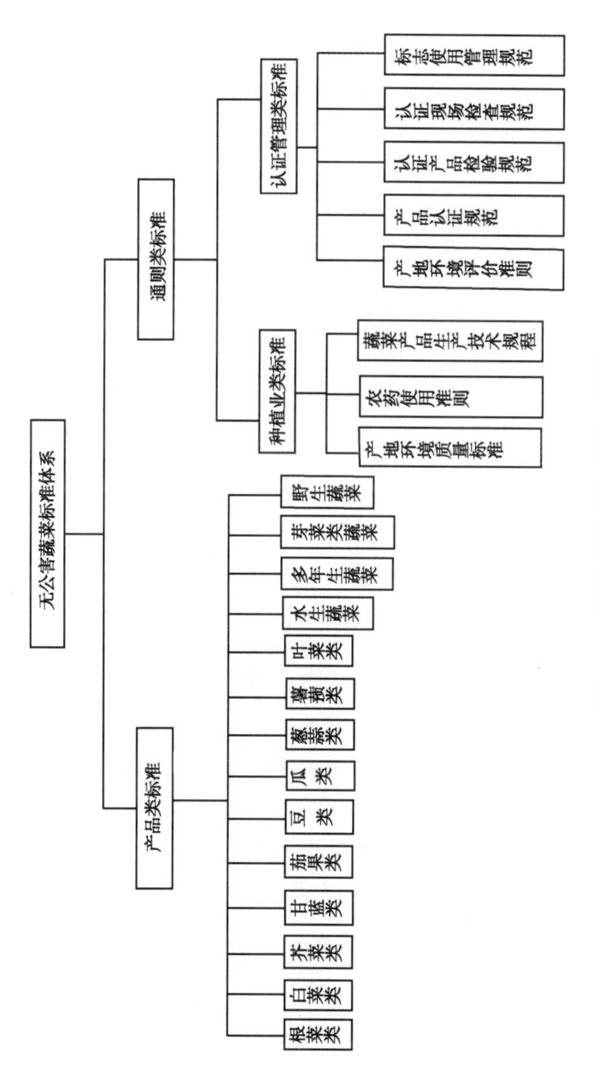

图1-4　无公害蔬菜标准体系架构

定，决定废止 NY 5001—2007《无公害食品　葱蒜类蔬菜》、NY 5003—2008《无公害食品　白菜类蔬菜》、NY 5005—2008《无公害食品　茄果类蔬菜》、NY 5008—2008《无公害食品　甘蓝类蔬菜》等 132 项无公害食品农业行业标准，此 132 项标准自 2014 年 1 月 1 日起停止施行。然而，在《中华人民共和国食品安全法》规定的国家强制性食品安全相关标准颁布、实施之前，这些标准的相关内容依旧可以作为有益的参考。

（二）绿色食品蔬菜生产标准

绿色食品标准作为绿色食品生产经验的总结和科技发展的结果，其标准体系按照生产流程可以分为“产地环境标准”、“生产技术标准”、“产品标准”和“包装、贮运标准”四大类，其体系架构见图 1－5。

（三）有机产品蔬菜生产标准

GB/T 19630—2011《有机产品》分为 4 部分，即《第 1 部分：生产》《第 2 部分：加工》《第 3 部分：标识与销售》《第 4 部分：管理体系》。

《第 1 部分：生产》主要包括作物种植（包括蔬菜生产要求）、食用菌栽培、野生植物采集、畜禽养殖、水产养殖、蜜蜂养殖等内容，是农作物、食用菌、野生植物、畜禽、水产、蜜蜂及其未加工产品的有机生产通用规范和要求。

《第 2 部分：加工》是主要有机产品加工的通则，即根据《第 1 部分：生产标准》生产的未加工产品为原料进行加工、包装、贮藏和运输的规范与要求。

《第 3 部分：标识与销售》是按《第 1 部分：生产》《第 2 部分：加工》生产或加工并获得认证的有机产品的标识和销售的通用规范及要求。

《第 4 部分：管理体系》主要包括有机产品生产、加工、经营过程中必须建立和维护的管理体系，是有机产品的生产

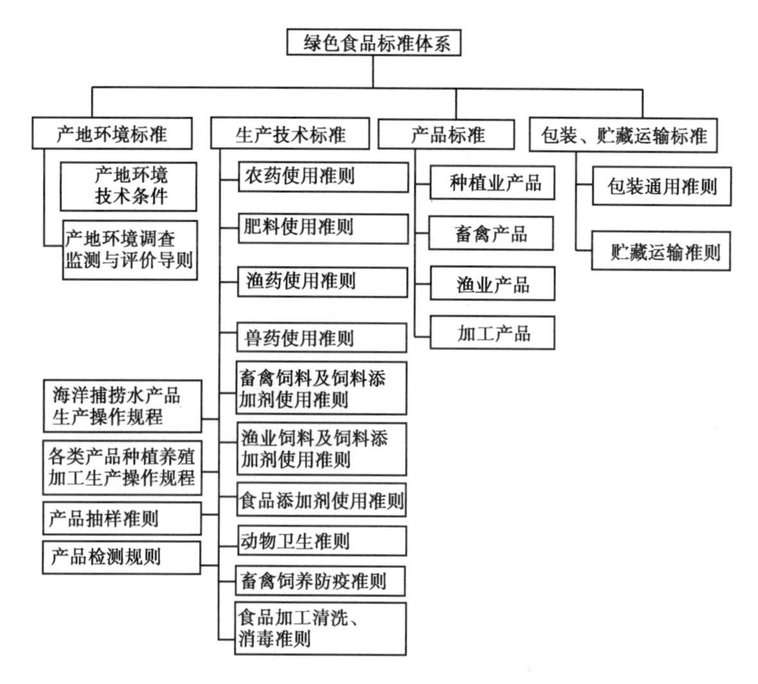

图1－5　绿色食品蔬菜标准体系架构

者、加工者、经营者及相关的供应环节质量管理的通用规范和要求。

有机蔬菜生产及病虫害安全防控措施应参照 GB/T 19630—2011《有机产品》的第1部分、第3部分、第4部分。

二、质量标准

一般而言，各类安全蔬菜生产质量标准包括环境质量标准和产品质量标准。

（一）环境质量标准

无公害蔬菜、绿色食品蔬菜及有机蔬菜生产的产地环境均需要达到一定的要求。

1. 无公害蔬菜产地环境质量标准

无公害蔬菜产地环境质量标准分为产地环境空气质量标准、灌溉水质量标准和环境土壤质量标准，其具体指标如下。

（1）空气质量标准

无公害蔬菜产地环境空气质量应符合表1－2的规定。

表1－2　环境空气质量指标

项　目	浓度限值			
	日平均		时平均	
总悬浮颗粒物（mg/m^3）	≤0.30		—	
二氧化硫（mg/m^3）	≤0.15①	≤0.25②	≤0.50①	≤0.70
氟化物（$\mu g/m^3$）	≤1.50②	≤7.00	—	

注：日平均指任何一日的平均浓度；时平均指任何一小时的平均浓度；
①菠菜、青菜、白菜、黄瓜、莴苣、南瓜、西葫芦的产地应满足此要求；
②甘蓝、蚕豆的产地应满足此要求

（2）灌溉水质量标准

无公害蔬菜产地灌溉水质应符合表1－3的规定。

表1－3　灌溉水质量指标

项　目	浓度限值		
	pH值<5.5	pH值＝5.5～8.5	pH值>8.5
化学需氧量（mg/L）	≤40①		≤150
总汞（mg/L）		≤0.001	
总镉（mg/L）	≤0.005②		≤0.01
总砷（mg/L）		≤0.05	
总铅（mg/L）	≤0.05③		≤0.10
铬（六价）（mg/L）		≤0.10	

（续表）

项　目	浓度限值		
	pH 值 <5.5	pH 值 = 5.5 ~ 8.5	pH 值 >8.5
氰化物（mg/L）		≤0.50	
石油类（mg/L）		≤1.00	
粪大肠菌群（个/L）		≤40 000④	

①采用喷灌方式灌溉的菜地应满足此要求；
②白菜、莴苣、茄子、蕹菜、芥菜、苋菜、芜菁、菠菜的产地应满足此要求；
③萝卜、水芹的产地应满足此要求；
④采用喷灌方式灌溉的菜地以及浇灌、沟灌方式的叶菜类菜地应满足此要求

（3）土壤质量标准

无公害产品产地环境土壤质量应符合表 1－4 的规定。

表 1－4　环境土壤质量指标　（单位：mg/L）

项　目	含量限值					
	pH 值 <6.5		pH 值 =6.5 ~ 7.5		pH 值 >7.5	
镉	≤0.30		≤0.30		≤0.40①	≤0.60
汞	≤0.25②	≤0.30	≤0.30②	≤0.50	≤0.35②	≤1.0
砷	≤30③	≤40	≤25③	≤30	≤20③	≤25
铅	≤50④	≤250	≤50④	≤300	≤50④	≤350
铬	≤150		≤200		≤250	

注：本表所列含量限制，适用于阳离子交换量 >5cmol/kg 的土壤，若阳离子交换量 <5cmol/kg，其标准值为表内数值的半数；
①白菜、莴苣、茄子、蕹菜、芥菜、苋菜、芜菁、菠菜的产地应满足此要求；
②菠菜、韭菜、胡萝卜、白菜、菜豆、青椒的产地应满足此要求；
③菠菜、胡萝卜的产地应满足此要求；
④萝卜、水芹的产地应满足此要求

2. 绿色食品蔬菜产地环境质量标准

绿色品食蔬菜产地环境质量标准包括空气质量、农田灌溉水质和土壤环境质量等内容，各项具体指标如下。

(1) 空气质量标准

绿色食品蔬菜产地环境空气质量应符合表1－5的规定。

表1－5　产地环境空气质量指标

项　目		浓度限值（标准状态）	
		日平均	时平均
总悬浮颗粒物（mg/m^3）		0.30	—
二氧化硫（mg/m^3）		0.15	0.50
二氧化氮（mg/m^3）		0.12	0.15
氟化物	（动力采样滤膜法）（$\mu g/m^3$）	7	20
	（石灰滤纸挂片法）[μg（dm·d）]	1.8	—

注：日平均指任何一日的平均浓度；
时平均指任何一小时的平均浓度；
连续采样3天，一日3次，晨、中和夕各1次；
氟化物采样可用动力采样滤膜法或用石灰滤纸挂片法，分别按各自规定的浓度限值执行，石灰滤纸挂片法挂置7天

(2) 灌溉水质量标准

绿色食品蔬菜产地灌溉水质应符合表1－6的规定。

表1－6　产地农田灌溉水质量指标

项　目	浓度限值
pH值	5.5～8.5
总汞（mg/L）	≤0.001
总镉（mg/L）	≤0.005
总砷（mg/L）	≤0.05

（续表）

项　目	浓度限值
总铅（mg/L）	≤0.10
六价铬（mg/L）	≤0.10
氟化物（mg/L）	≤2.0
粪大肠菌群（个/L）	≤10 000

注：灌溉菜园用的地表水需测粪大肠菌群，其他情况下不测粪大肠菌群

（3）土壤质量标准

绿色食品蔬菜产地环境土壤质量应符合表 1－7 的规定。

表 1－7　土壤中各项污染物的含量限值　（单位：mg/kg）

项　目	旱　田			水　田		
	pH 值 <6.5	pH 值 = 6.5～7.5	pH 值 >7.5	pH 值 <6.5	pH 值 = 6.5～7.5	pH 值 >7.5
镉	0.30	0.30	0.40	0.30	0.30	0.40
汞	0.25	0.30	0.35	0.30	0.40	0.40
砷	25	20	20	20	20	15
铅	50	50	50	50	50	50
铬	120	120	120	120	120	120
铜	50	60	60	50	60	60

注：果园土壤中的铜限量为旱田的铜限量的 1 倍；
水旱轮作的标准值取严不取宽

3. 有机蔬菜产地环境质量标准

有机蔬菜栽培是一种禁止使用化学合成肥料和农药的环境友好的生产方式，因此，种植选址尤为重要：一般选择土壤、空气、水源均未受污染且土壤质地良好的地块建园。有机生产基地环境应满足 3 个条件：其一，必须保证生产地块的土壤未受重金属污染；其二，用于有机蔬菜生产的灌溉水质应达到农田灌溉水的相

应标准；其三，有机蔬菜生产区及其周围的空气和水体不受污染。

（1）空气质量标准

有机生产基地环境空气质量应达到 GB 3095—1996《环境空气质量标准》的二级标准和 GB 9137—1988《保护农作物的大气污染物允许最高浓度》的相关指标，具体限值见表 1－8 和表1－9。

表 1－8　有机蔬菜生产大气污染物浓度限值

污染物	敏感程度	生长季平均浓度	日平均浓度	任何一次	作物种类
二氧化硫（mg/m^3）	敏感蔬菜	0.05	0.15	0.50	大豆、甜菜、芝麻、菠菜、青菜、白菜、莴苣、黄瓜、南瓜、西葫芦、马铃薯
	中等敏感	0.08	0.25	0.70	番茄、茄子、胡萝卜
	抗性蔬菜	0.12	0.30	0.80	蚕豆、油菜、甘蓝、芋头
氟化物［$\mu g/(dm^3 \cdot d)$］	敏感作物	1.0	5.0	—	甘蓝、菜豆、紫芥菜дб
	中等敏感	2.0	10.0	—	大豆 、白菜 芥菜、花椰菜、三叶菜
	抗性蔬菜	4.5	15.0	—	茴香、番茄、茄子、辣椒、马铃薯

注：“生长季平均浓度”为任何一个生长季的日平均浓度值不超过的限值；
“日平均浓度”为任何一日的平均浓度不许超过的限值；
“任何一次”为任何一次采样测定不许超过的浓度限值

表 1－9　有机蔬菜基地大气环境质量

污染物名称	取值时间	标准限值
二氧化硫（mg/m^3）	年平均	0.06
	日平均	0.15
	时平均	0.50
总悬浮颗粒物（mg/m^3）	年平均	0.20
	日平均	0.30

（续表）

污染物名称	取值时间	标准限值	
可吸入颗粒物（mg/m^3）	年平均	0.10	
	日平均	0.15	
二氧化氮（mg/m^3）	年平均	0.08	
	日平均	0.12	
	时平均	0.24	
一氧化碳（mg/m^3）	日平均	4.00	
	时平均	10.00	
臭氧（mg/m^3）	时平均	0.20	
铅（$\mu g/m^3$）	季平均	0.50	
	年平均	1.00	
苯并［a］芘（$\mu g/m^3$）	日平均	0.01	
氟［$\mu g/(dm^2 \cdot d)$］	月平均	1.8①	3.0②
	植物生长季平均	1.2①	2.0②

①适用于牧业区和以牧业为主的半农半牧区，蚕桑区；

②适用于农业和林业区

（2）灌溉水质量标准

有机蔬菜生产基地灌溉用水水质满足应 GB 5084—2005《农田灌溉水质标准》的相关要求，具体限值见表 1－10。

表 1－10　有机蔬菜生产灌溉水质量要求

指　标	水　作	旱　作	蔬　菜
生化需氧量（BOD_5）（mg/L）	80	150	80
化学需氧量（COD_{Cr}）（mg/L）	200	300	150
悬浮物（mg/L）	150	200	100
阴离子表面活性剂（mg/L）	5.0	8.0	5.0
凯氏氮（mg/L）	12	30	30
总磷（以 P 计）（mg/L）	5.0	10	10
水温（℃）	—	35	—
pH 值	—	5.5～8.5	—

（续表）

指　标	水　作	旱　作	蔬　菜
全盐量（mg/L）	1 000（非盐碱土地区），2 000（盐碱土地区），有条件的地区可以适当放宽①		
氯化物（mg/L）	—	250	—
硫化物（mg/L）	—	1.0	—
总汞（mg/L）	—	0.001	—
总镉（mg/L）	—	0.005	—
总砷（mg/L）	0.05	0.1	0.05
六价铬（mg/L）	—	0.1	—
总铅（mg/L）	—	0.1	—
总铜（mg/L）	—	1.0	—
总锌（mg/L）	—	2.0	—
总硒（mg/L）	—	0.02	—
氟化物（mg/L）	—	2.0（高氟区） 3.0（一般地区）	
氰化物（mg/L）	—	0.5	—
石油类（mg/L）	5.0	10	1.0
挥发酚（mg/L）	—	1.0	—
苯（mg/L）	—	2.5	—
三氯乙醛（mg/L）	1.0	0.5	0.5
丙烯醛（mg/L）	—	0.5	—
硼（mg/L）	1.0（对硼敏感作物，如马铃薯、笋瓜、韭菜、洋葱、柑橘等） 2.0（对硼耐受性较强的作物，如小麦、玉米、青椒、小白菜、葱等） 3.0（对硼耐受性强的作物，如水稻、萝卜、油菜、甘蓝等）		
粪大肠菌群数（个/L）	≤10 000		
蛔虫卵数（个/L）	≤2		

①在以下地区，全盐量水质标准可以适当放宽：其一，具有一定的水利灌排工程设施，能保证一定的排水和地下水径流条件的地区；其二，有一定淡水资源，能满足冲洗土体中盐分的地区

（3）土壤质量标准

根据 GB/T 19630.1—2011《有机产品　第一部分：生产》的要求，有机生产基地的土壤环境质量应符合 GB 15618—1995《土壤环境质量标准》中的二级标准，具体限值如表 1－11。

表 1－11　有机生产基地土壤环境质量要求（单位：mg/kg）

项　目	pH 值		
	<6.5	6.5～7.5	>7.5
镉	0.30	0.60	1.0
汞	0.30	0.50	1.0
砷（水田）	30	25	20
砷（旱地）	40	30	25
铜（农田等）	50	100	100
铜（果园）	150	200	200
铅	250	300	350
铬（水田）	250	300	350
铬（旱地）	150	200	250
锌	200	250	300
镍	40	50	60
六六六		0.50	
滴滴涕		0.50	

（二）产品质量标准

无公害蔬菜、绿色食品蔬菜及有机蔬菜的最终产品在农药残留及重金属等指标上均需满足相关标准的要求。

1. 无公害蔬菜产品质量标准

无公害蔬菜产品质量标准分为“感官要求”和“卫生指标”。其中“感官要求”主要包括整齐度、新鲜程度、腐烂、异味、病虫害及机械伤等感官指标，本节重点介绍“卫生指标”，即每类无公害蔬菜重金属和农药残留等具体要求。

部分无公害蔬菜产品标准如表1－12、表1－13、表1－14。

表1－12　无公害食品瓜菜类蔬菜安全指标　（单位：mg/kg）

项　目	指　标
乙酰甲胺磷	≤0.2
乐　果	≤1.0
毒死蜱	≤1.0
氯氰菊酯	≤1.0
溴氰菊酯	≤0.2
氰戊菊酯	≤0.2
百菌清	≤1.0
多菌灵	≤0.5
三唑酮	≤0.2
铅（以Pb计）	≤0.2
镉（以Cd计）	≤0.05

注：其他有毒、有害物质的指标应符合国家有关法律、法规行政规范和强制性标准的规定

表1－13　无公害食品茄果类蔬菜安全指标　（单位：mg/kg）

项　目	指　标
乐　果	≤0.5
敌敌畏	≤0.2
辛硫磷	≤0.05
毒死蜱	≤0.5
氯氰菊酯	≤0.5
溴氰菊酯	≤0.2
氰戊菊酯	≤0.2

（续表）

项　目	指　标
联苯菊酯	≤0.5
氯氟氰菊酯	≤0.2
百菌清	≤5.0
多菌灵	≤0.5，≤0.1（辣椒）
铅（以 Pb 计）	≤0.1
镉（以 Cd 计）	≤0.05
亚硝酸盐（以 $NaNO_2$ 计）	≤4.0

注：其他有毒、有害物质的指标应符合国家有关法律、法规行政规范和强制性标准的规定

表 1－14　无公害食品绿叶类蔬菜安全指标（单位：mg/kg）

项　目	指　标
乙酰甲胺磷	≤0.2
乐　果	≤1.0
杀螟硫磷	≤0.5
敌敌畏	≤0.2
毒死蜱	≤1.0
氯氰菊酯	≤1.0
溴氰菊酯	≤0.5
氰戊菊酯	≤0.5
亚硝酸盐（以 $NaNO_2$ 计）	≤4.0
百菌清	≤1.0
多菌灵	≤0.5
铅（以 Pb 计）	≤0.2
镉（以 Cd 计）	≤0.05

注：其他有毒、有害物质的指标应符合国家有关法律、法规行政规范和强制性标准的规定

2. 绿色食品蔬菜产品质量标准

绿色食品蔬菜质量标准分也为“感官要求”和“卫生指标”。其中，“感官要求”主要包括整齐度、新鲜程度、腐烂、异味、病虫害及机械伤等感官指标。本节重点介绍“卫生指标”，即每类绿色食品蔬菜重金属和农药残留等具体要求。

部分绿色食品蔬菜产品标准见表1－15、表1－16、表1－17。

表1－15　绿色食品瓜菜类蔬菜安全指标　（单位：mg/kg）

项　目	指　标
百菌清	≤1.0
氯氰菊酯	≤0.2
溴氰菊酯	≤0.1
多菌灵	≤0.1
三唑酮	≤0.1
灭蝇胺	≤0.2
异菌脲	≤1.0
甲霜灵	≤0.2
腐霉利	≤2.0
乙烯菌核利	≤1.0
乙酰甲胺磷	≤0.1
毒死蜱	≤0.1
抗蚜威	≤0.5
三唑磷	≤0.1
吡虫啉	≤0.5
氰戊菊酯	≤0.2
氯氟氰菊酯	≤0.2
乐　果	≤0.5
铅（以Pb计）	≤0.1
镉（以Cd计）	≤0.05

表 1－16　绿色食品茄果类蔬菜安全指标　（单位：mg/kg）

项　目	指　标
乙烯菌核利	≤1.0
百菌清	≤1.0
氯氰菊酯	≤0.2
腐霉利	≤2.0
氯氟氰菊酯	≤0.1
联苯菊酯	≤0.2
多菌灵	≤0.1
乙酰甲胺磷	≤0.1
敌敌畏	≤0.1
甲萘威	≤1.0
抗蚜威	≤0.5
吡虫啉	≤0.5
毒死蜱	≤0.2
异菌脲	≤5.0
乐　果	≤0.5
辛硫磷	≤0.05
溴氰菊酯	≤0.2
氰戊菊酯	≤0.2
氯氰戊菊酯	≤0.2
铅（以 Pb 计）	≤0.1
镉（以 Cd 计）	≤0.05

表 1－17　绿色食品绿叶类蔬菜安全指标　（单位：mg/kg）

项　目	指　标
百菌清	≤0.5
吡虫啉	≤0.1
毒死蜱	≤0.05
啶虫脒	≤0.1
哒螨灵	≤0.1
多菌灵	≤0.1

（续表）

项　目	指　标
嘧霉胺	≤0.5
苯醚甲环唑	≤0.1
腐霉利	≤0.2
氯氰菊酯	≤2.0
氯氟氰菊酯	≤0.2
铅（以 Pb 计）	≤0.3
镉（以 Cd 计）	≤0.2

3. 有机蔬菜产品质量标准

根据 GB/T 19630—2011《有机产品》等相关标准、法规规定，中国有机蔬菜农药残留必须为“0”检出；而重金属等污染物限量指标参照 GB 2762—2012《食品中污染物限量》标准执行（表 1－18）。

表 1－18　有机蔬菜重金属含量最高限量　（单位：mg/kg）

指　标	对应蔬菜	限　量
铅（以 Pb 计）	新鲜蔬菜（芸薹类蔬菜、叶菜蔬菜、豆类蔬菜、薯类除外）	0.1
	芸薹类蔬菜、叶菜蔬菜	0.3
	豆类蔬菜、薯类	0.2
镉（以 Cd 计）	新鲜蔬菜（叶菜蔬菜、豆类蔬菜、块根和块茎蔬菜、茎类蔬菜除外）	0.05
	叶菜蔬菜	0.2
	豆类蔬菜、块根和块茎蔬菜、茎类蔬菜（芹菜除外）	0.1
	芹菜	0.2
汞（以 Hg 计）	新鲜蔬菜	0.01
砷（以 As 计）	新鲜蔬菜	0.5

（续表）

指　标	对应蔬菜	限　量
铬（以 Cr 计）	新鲜蔬菜	0.5
亚硝酸盐（以 $NaNO_2$ 计）	蔬菜	20

三、评价过程

（一）无公害蔬菜的评价过程

无公害农产品认证的主管单位为农业部农产品质量安全中心，该中心的主要职责是：贯彻执行国家关于农产品质量安全认证认可及合格评定方面的法律、法规和规章制度；发布认证标志和认证产品目录；受理分中心认证审查报告，并向认证合格者颁发认证证书；办理无公害农产品标志的使用手续，负责无公害农产品标志使用的监督管理；接受无公害农产品产地认定结果备案；对无公害农产品标志的印制单位进行委托和管理；开展无公害农产品质量安全认证的国际交流和合作；负责农业部农产品认证管理委员会的日常工作。

分中心的主要任务是：受理相关产品生产单位和个人提出的认证申请，并组织检查员对认证产品进行形式和文件审查，并出具审查意见上报中心；组织对申报产品的现场检查，出具现场检查报告；下达产品抽检任务，审查产品检验报告；负责提出产品认证工作计划及规划等认证工作。

1. 法规依据

2002 年 4 月 29 日，农业部、国家质量监督检验检疫总局联合发布第 12 号令，颁布并实施《无公害农产品管理办法》。该办法规定无公害农产品的产地环境及产品均需进行检测，具体条款包括：“第十八条　现场检查符合要求的，应当通知申请人委托具有资质资格的检测机构，对产地环境进行检测。承担产地环境检测任务的机构，根据检测结果出具产地环境检测报告”，以及“第二十五条　材料审核符合要求的、或者材料审核和现场检查符合要求的（限于需要对现场进行检查时），认证机构应当通知申请人委托具有资质资格的检测机构对产品进行检测。承担产品检测任务的机构，根据检测结果出具产品检测报告”等。

2. 检测标准

无公害蔬菜的产地环境与各项产品均有各自的检测标准，详见前文相关介绍。

3. 检测机构

经农业部农产品质量安全中心确认具有资质的无公害蔬菜产地环境的检测机构和产品检测机构达几百家，分布全国各地区。

4. 认证流程

（1）申请认证的基本程序和要求

根据《无公害农产品管理办法》的规定，申请无公害产品认证的单位或者个人（以下简称申请人），应当向认证机构提交书面申请，书面申请应当包括以下内容。

①申请人的姓名（名称）、地址、电话号码。

②产品品种、产地的区域范围和生产规模。

③无公害农产品生产计划。

④产地环境说明。

⑤无公害农产品质量控制措施。

⑥有关专业技术和管理人员的资质证明材料。

⑦保证执行无公害农产品标准和规范的声明。

⑧无公害农产品产地认定证书。

⑨生产过程记录档案。

⑩认证机构要求提交的其他材料。

符合要求的，认证机构可以根据需要派员对产地环境、区域范围、生产规模、质量控制措施、生产计划、标准和规范的执行情况等进行现场检查。现场检查不符合要求的，应当书面通知申请人。

材料审核符合要求的、或者材料审核和现场检查符合要求的（限于需要对现场进行检查时）认证机构应当通知申请人委托具有资质资格的检测机构对产品进行检测。认证机构对材料审核、现场检查（限于需要对现场进行检查时）和产品检测结果符合要求的，应当自收到现场检查报告和产品检测报告之日起，30个工作日内颁发无公害农产品认证证书。

无公害农产品认证证书有效期为3年。期满需要继续使用的，应当在有效期满90日前按照本办法规定的无公害农产品认证程序，重新办理。

无公害农产品标志应当在认证的品种、数量等范围内使用。获得无公害农产品认证证书的单位或者个人，可以在证书规定的产品、包装、标签、广告、说明书上使用无公害农产品标志。

从事无公害农产品的产地认定的部门和产品认证的机构不得收取费用。检测机构的检测、无公害农产品标志按国家规定收取费用。

（2）无公害产品申报材料

无公害蔬菜产品申报材料要求如下。

①《无公害农产品认证申请书》，用钢笔、签字笔如实填写或用A4纸打印均可，字迹整洁、术语规范、印章清晰，每份申请书申报一种产品。

②《无公害农产品产地认定证书》（复印件），证书在有效期内，申请认证的产品在产地认定的范围内生产。

③农产品质量控制措施，包括企业在农产品质量控制的组织、技术管理、投入品管理、产地环境保护、产品检测等方面的相关文件和制度。

④农产品生产操作规程和加工技术规程，指申报企业编制的、适合本企业生产该产品的生产技术操作规程和加工技术规程。

⑤农产品生产的培训情况和计划，包括培训的内容、时间、地点、参加人数和授课教师等。

⑥农产品生产过程原始记录档案（复印件），指上个生产周期投入品的使用记录、病虫草鼠害防治记录及其他生产环节的原始记录。

⑦“公司+农户”形式的，提供公司和农户签订的购销合同、农户名单以及公司对农户的管理措施。

⑧购销合同，应含有对农户产品的质量安全要求的内容，以及对生产不合格产品的处理办法。

⑨农户名单，即与公司有购销合同关系的农户花名册。

⑩公司对农户产品质量安全的管理措施，含有公司对农户生产过程进行监督管理的人员分工、技术措施、奖惩措施等内容。

⑪营业执照、注册商标（复印件），以单位（包括公司）名义申报的，提供有效的工商营业执照复印件；以个人名义申报的，提供个人身份证复印件；有商标注册证书的，提供商标证书的复印件。

⑫产品检验报告，由农业部农产品质量安全中心委托的检测机构依据标准抽样或委托检测出具的产品检验报告（原件）。

（二）绿色食品蔬菜的评价过程

隶属于农业部的中国绿色食品发展中心（China Green Food Development Center）是组织和指导全国绿色食品开发和管理工作的权威机构，1990 年开始筹备并积极开展工作，1992 年 11 月正式成立。该中心受农业部委托，组织和指导全国绿色食品开发和管理工作，专职管理绿色食品标志商标，审查、批准绿色食品标志产品，委托和协调地方绿色食品工作机构和环境及产品质量监测工作等，是绿色食品标志商标的所有者。

为了将分散的农户和企业组织发动起来进入绿色食品的管理和开发序列，中国绿色食品发展中心在全国构建了以下 3 个组织管理系统，并形成了高效的网络。

①在全国各地委托了分支管理机构，协助和配合中国绿色食品发展中心开展绿色食品宣传、发动、指导、管理、服务工作。

②委托全国各地有省级计量认证资格的环境监测机构负责绿色食品产地环境监测与评价。

③委托区域性的食品质量监测机构负责绿色食品产品质量监测，绿色食品组织网络建设采取委托授权的方式，并使管理系统与监测系统分离，这样不仅保证了绿色食品监督工作的公正性，而且也增加了整个绿色食品开发管理体系的科学性。

下面，就绿色食品蔬菜的认证评价工作做一简单介绍。

1. 法规标准

各类绿色食品在生产生产活动中，应该严格遵守其相关的生产准则。其中除产地环境分别遵守 NY/T 391—2000《绿色食品　产地环境技术条件》的相关要求外，种植业还应遵守 NY/T 393—2000《绿色食品　农药使用准则》及 NY/T 394—2000《绿色食品　肥料使用准则》等。

2. 检测标准

绿色食品的产地环境与各类产品均有各自的检测标准与相关指标，详见前文相关介绍。

3. 检测机构

绿色食品的监测机构也分为环境质量监测机构和产品质量监测机构两类。绿色食品监测机构应具备法定资格，经中国绿色食品发展中心考核确认，自愿接受委托，承担绿色食品监测任务的机构。

中国绿色食品发展中心根据《绿色食品监测机构管理办法》

《关于全国绿色食品监测机构布点的意见》，遵循合理布局、规范发展的原则，受理有关监测单位的申请。申请绿色食品环境质量监测的单位，必须有当地绿色食品委托管理机构推荐意见，方予受理。然后经过资质审核、实地考察合格后，便可以委托授权进行相关范围的检测工作。中国绿色食品发展中心每年对其授权的机构进行能力验证和日常监督管理指导等工作。

4. 标志许可流程

（1）绿色食品标志许可的基本程序

目前，根据中国绿色食品发展中心的规定，凡具有绿色食品生产条件的单位和个人，均可成为绿色食品标志使用权的申请人，申请程序如下。

①申请人向中国绿色食品发展中心或所在省绿色食品办公室领取申请表及有关资料。

②申请人按要求填写《绿色食品标志使用申请书》《企业及生产情况调查表》，并连同产品注册商标文本复印件及省级以上质量监测部门出具的当年产品质量检测报告一并报所在省绿色食品办公室。

③由各省绿色食品办公室派专人赴申报企业及原料产地调查核实其产品生产过程的质量控制情况，写出正式报告。

④由省绿色食品办公室确定省内一家较权威的环境监测单位（通过省级以上计量认证），委托其对申请企业进行农业环境质量评价。

⑤以上材料一式2份，由各省绿色食品办公室初审后报送中国绿色食品发展中心审核。

⑥由中国绿色食品发展中心通知对申请材料合格的企业，接受指定的绿色食品监测中心，对其产品进行质量、卫生检测，同时，企业须按《绿色食品标准设计手册》要求，将带有绿色食品标志的包装方案报中国绿色食品发展中心审核。

⑦由中国绿色食品发展中心对申请企业及产品进行终审后，与符合绿色食品标准的产品生产企业签订《绿色食品标志使用协议书》，然后向企业颁发绿色食品标志使用证书，并向社会发布通知。

⑧绿色食品标志使用证书有效期为3年。在此期间，绿色食品生产企业须接受中国绿色食品发展中心委托的监测机构对其产品进行抽测，并履行《绿色食品标志使用协议》。期满后若欲继续使用绿色食品标志，须于期满前半年办理重新申请手续。

（2）绿色食品产品申报材料

绿色食品害蔬菜产品申报材料要求如下。

①《绿色食品标志使用申请书》《企业生产情况调查表》。

②产地《农业环境质量现状调查报告》《农业环境质量监测报告》及《农业环境质量现状评价报告》。

③省级绿色食品办公室考察报告（包括照片）及《企业情况调查表》。

④产品或产品原料种植规程。

⑤产品执行标准（须在当地技术监督部门备案）。

⑥企业质量管理手册。

⑦营业执照复印件。

⑧商标注册复印件及申报产品现用包装式样。

⑨培训证书复印件及名单。

⑩基地分布图。

⑪农户登记表。

⑫基地管理制度（生资供应、技术指导、监督等）。

（三）有机产品蔬菜的评价过程

不同于无公害农产品以及绿色食品的认证，有机产品认证属于独立第三方认证。中国的有机产品认证开始于20世纪90年代初，最初由国家环境保护总局下属的国家有机食品认证认可委员会负责有机产品认证机构的管理与认可。以2002年11月1日《中华人民共和国认证认可条例》的正式颁布实施为又一新的起点，有机产品认证工作由国家认证认可监督管理委员会（以下简称国家认监委）统一管理，进入规范化阶段。到目前为止经国家认监委认可的专职或兼职有机认证机构总共有29家。

1. 标准依据

现代有机食品的理念来源于欧美等发达国家与地区，与中国无公害农产品及绿色食品的不同，有机产品强调的是生产过程的控制与监督。目前，有机产品评价指标及流程严格按照GB/T 19630—2011《有机产品》以及国家认证认可监督委员会《有机产品认证实施规则》的要求进行。

2. 检测标准

有机产品的产地环境及产品的标准，应参照GB/T 19630—2011《有机产品》的相关要求，详见前文介绍。

3. 检测机构

GB/T 19630—2011《有机产品》中，并未对检测机构作出明确的要求。一般来说应由至少到获得中国计量认证（CMA）或中国审查认可（CAL）授权标志的正规检测部门进行相关项目的检测。

4. 认证流程

有机认证属于产品认证的范畴，其认证的模式通常为“过程检查+必要的产品和产地环境检测+证后监督”，认证程序一般包括认证申请和受理、检查准备与实施、合格评定和认证决定、监督与管理这些主要流程。

（1）申请

对于申请有机产品认证的单位或者个人，根据有机产品生产或者加工活动的需要，可以向有机产品认证机构申请有机产品生产认证或者有机产品加工认证。申请者应当向有机产品认证机构提出书面申请，并至少提交下列材料。

①申请人的合法经营资质文件，如土地使用证、营业执照、租赁合同等；当申请人不是有机产品的直接生产或加工者时，申请人还需要提交与有机产品供应方签订的书面合同。

②申请人及有机生产的基本情况，包括申请人及其生产者名称、地址、联系方式；产地（基地）或加工场所的名称、基本情况；过去3年间的生产历史，包括对农事、病虫草害防治、投入物使用及收获情况的描述；生产规模，包括品种、面积、产量等描述；申请和获得其他有机产品认证的情况。

③产地（基地）区域范围描述，包括地理位置图、地块分布图、地块图、面积、缓冲带，周围临近地块的情况说明等。

④申请认证的有机产品生产、加工、销售计划，包括品种、面积、预计产量、加工产品品种、预计加工量、销售产品品种和计划销售量、销售去向等。

⑤产地（基地）所有关环境质量的证明材料。

⑥有关专业技术和管理人员的资质证明材料。

⑦保证执行有机产品标准的声明。

⑧有机生产、加工的管理体系文件。

⑨其他相关材料。

（2）受理

认证机构应当于自收到申请人书面申请之日起10个工作日内，完成对申请材料的评审，并做出是否受理的决定。

同意受理的，认证机构与申请人签订认证合同；不予受理的，应当书面通知申请人，并说明理由。认证机构的评审过程应确保：认证要求规定明确、形成文件并得到理解；和申请人之间在理解上的差异得到解决；对于申请的认证范围、申请人的工作场所和特殊要求有能力开展认证服务；认证机构应保存评审过程的记录。

（3）检查准备与实施

认证协议签订后，认证机构即安排相关人员对该项认证进行策划，根据申请者的专业特点和性质确定认证依据，选择并委派进行现场检查的检查员组成检查组，必要时还应配备相应的技术专家。

现场检查分为例行检查和非例行检查。例行检查包括首次认证检查和例行换证检查，也称监督检查，例行检查每年至少1次。非例行检查是在获证者中按一定比例随机抽取检查对象或对被举报对象进行的不通知检查，也称飞行检查。

现场检查的主要工作内容是对受检查方的有机蔬菜种植、运输、销售等过程及其场所进行检查和核实，评价这些过程是否符合认证依据的要求，技术措施和管理体系能否保证有机产品的质量，评估是否存在破坏有机完整性的风险，审核记录保持系统是否具有可追溯性，收集与支持认证决定有关的证据和材料，等等。

在完成现场检查后，根据现场检查发现，编制并向认证机构递交公正、客观和全面的关于认证要求符合性的检查报告。

（4）合格评定与认证决定

认证机构应根据评价过程中收集的信息、检查报告和其他有关信息，评价所采用的标准等认证依据及法律法规的适用性和符合性、现场检查的合理性和充分性、检查报告及证据和材料的客观性、真实性和完整性等，并重点进行有机生产和加工过程符合性判定、产品安全质量符合性判定，以及判定产品质量是否符合执行标准的要求，并最终做出能否发放证书的决定。

申请人的生产活动及管理体系符合认证标准的要求，认证机构予以批准认证。生产活动、管理体系及其他相关方面不完全符合认证标准的要求，认证机构提出整改要求，申请人已经在规定的期限内完成整改或已经提交整改措施并有能力在规定的期限内完成整改以满足认证要求的，认证机构经过验证后可以批准认证。

第二章 蔬菜病虫害安全防控原理与通用技术

第一节 病虫害安全防控原理与要求

蔬菜病虫害的安全防控措施，并非一般意义上地使用各种有效的杀虫剂、杀菌剂这样的单一措施，而是预防与控制（治疗）两环节，多措施的系统的技术支持体系。蔬菜病虫害安全防控技术体系的目标是以作物为核心，防控策略是以预防为主，具体方式包括构建健康的土壤系统、维护健康的菜田生态系统以及蔬菜作物本身的健体栽培等。蔬菜病虫害防控的原则是以农业防治为基础，生物防治为核心，物理防治为辅助，药剂调控为应急手段。

一、病虫害发生的影响因素

（一）蔬菜病害发生的影响因素

1. 发病条件

植物病害是在外界环境条件影响下植物与病原相互作用并导致植物发病的过程，因此，影响病害发生的基本因素有病原、感病寄主和环境条件。

在侵染性病害中，具有致病力的病原物的存在及其大量繁殖和传播是病害发生发展的重要因素之一，因此，消灭或控制病原物的传播、蔓延是防治植物病害的重要措施。

感病寄主的存在是植物病害发生发展的另一个重要因素，植物作为活的生物，对病害必然也有抵抗反应，这种病原与寄主的相互作用决定着病害的发生与否和发病程度，因此，有病原存在，植物不一定发病。病害的发生取决于植物抗病能力的强弱，如果植物抗病性强，即使有病原存在，也可以不发病或发病很轻。所以栽培抗病品种和提高植物的抗病性，是防治植物病害的主要途径之一。

植物病害的发生还受到环境条件的制约，环境条件包括立地条件（土壤质地和成分、地形地势、地理和周边环境等）、气候、栽培等非生物因素，以及人、害虫、其他动物与植物周围的微生物区系等生物因素。环境条件一方面影响病原物，促进或抑制其发生发展。另一方面也影响寄主的生长发育，影响其感病性或抗病性，因此，只有当环境条件有利于病原物而不利于寄主时，病害才能发生发展；反之，当环境条件有利于寄主而不利于病原物时，病害就不发生或者受到抑制。

综上所述，病原、感病寄主和环境条件是植物病害发生发展的 3 个基本要素，病原和感病寄主之间的相互作用是在环境条件影响下进行的，这 3 个要素的关系被称为植物病害的三角关系。此外，人类的生产和社会活动也对植物病害的发生有重要的影响，生物在长期的进化过程中经过自然选择呈现一种平衡、共存的状态，植物和病原物也是这样。不少病害的发生是由于人类的活动打破了这种自然生态的平衡而造成的，如耕作制度的改变、作物品种的更换、栽培措施的变化、在没有严格检疫情况下境内外大量调种而造成人为引进了危险性病原物，等等。由此可见，在植物病害发生发展过程中，人的因素是重要的，因而有人提出植物病害的四角关系，即除病原、感病寄主和环境条件外，再增加人的因素。实际上，在植物病害的发生发展中病原与植物是一对矛盾，其他因素都是影响矛盾的外界条件，人的因素只是外界环境条件中比较突出的因子而已。从这一观点出发，植物病害发生的基本因素还是病原、感病寄主和环境条件。防治植物病害必须重视环境条件的治理，使其有利于植物抗病性的提高，而不利于病原的发生和发展，从而减轻或防止病害的发生。

2. 病原物的来源

病原物在生长季之后，要度过寄主成熟收获后的一段时间或休眠期，即所谓病原物的越冬和越夏。病原物的越冬场所也就是寄主植物在生长季节内的初侵染来源，大部分的寄主植物冬季是休眠的，同时冬季气温低，病原物一般也处于不活动状态，因此，病原物的越冬问题，在病害研究和防治中就显得更加重要。此时，及时消灭越冬的病原物，对减轻下一季节病害的严重度有着重要的意义。病原物越冬或越夏有以下几个场所。

（1）田间病株

在寄主内越冬或越夏是病原物的一种休眠方式。对于多年生植物，病原物可以在病株体内越冬，其中，病毒以粒体，细菌以细胞，真菌以孢子、休眠菌丝或休眠组织（如菌核、菌索）等在病株的内部或表面度过夏季和冬季，成为下一个生长季节的初侵染来源。

（2）种子、苗木和其他繁殖材料

种子携带病原物可分为种间、种表和种内 3 种，了解种子带病的方式对于播种前进行种子处理具有实践意义。使用带病的繁殖材料不但会使植株本身发病，而且可能成为田间的发病中心并传染给邻近的健株，造成病害的蔓延。此时，还可以随着繁殖材料远距离的调运，将病害传播到新的地区。

（3）病株残体

绝大部分非专性寄生的真菌、细菌都能在病残体中存活一定时间，病原物在病株残体中存活时间较长的主要原因，是由于受到了植株残体组织的保护，增加了对不良环境因子的抵抗能力。当寄主残体分解和腐烂后，其中的病原物也逐渐死亡和消失。因此，加强田间卫生，彻底清除病株残体，集中烧毁或采取促进病残体分解的措施，都有利于消灭和减少初侵染来源。

（4）土壤

土壤也是多种病原物越冬或越夏的主要场所。病株残体和病株上着生的各种病原物都很容易落到土壤里成为下一季的初侵染来源。其中，专性寄生物的休眠体，在土壤中萌发后如果接触不到寄主就很快死亡，因而这类病原物在土壤中存活期的长短和环境条件有关：土壤温度比较低，而且土壤比较干燥时，病原物容易保持它的休眠状态，存活时间就较长；反之，存活其中则短。另外，有些寄主性比较弱的病原物，它们在土壤中不但能够保存其生活力，而且还能够转入活跃的腐生生活，在土壤里大量生长繁殖，增加了病原体的数量。

（5）肥料

病原物可以随着病株残体混入肥料或以休眠组织直接混入肥料，肥料如未充分腐熟，其中的病原体就可以存活下来。

根据病害的越冬或越夏的方式和场所，我们可以拟定相应的消灭初侵染来源措施。

（二）蔬菜害虫生长的影响因素

1. 食物因素

特别是单食性以及寡食性的害虫，由于它们对食物的依赖性，食物的分布状况往往限制害虫的分布，即使是寄主植物较多的害虫，其食料植物也可能对影响害虫分布。例如，十字花主要害虫之一的小菜蛾，其生存能力极强，对化学药剂、极端温度和食物营养适应性极高。合理的轮作，减少十字花科蔬菜关键时段的种植面积，是抑制小菜蛾种群数量发展的重要措施。

2. 环境因素

（1）温度对害虫的影响

昆虫是变温动物，体温的变化取决于周围环境的温度条件。害虫适宜温度为8～38℃，最适温度为23～30℃，发育起点温度为8～15℃，超过极限高温，会导致害虫昏迷；温度过低，害虫会进入休眠、滞育状态或由于体液结冰而死。

（2）湿度对害虫的影响

湿度在一定范围内变化不会导致害虫直接死亡，但严重影响其取食和繁殖，如黏虫在25℃、90%相对湿度（RH）时的产卵量较60% RH时高出1倍以上，当RH降至45%时，雌成虫不能产卵，即使产卵也不能孵化。但是，在严重干燥条件下，害虫也会因体内失水过多而导致死亡。过度潮湿，真菌、细菌传播，会导致害虫死亡。鳞翅目成虫产卵期湿度越高，产卵量越大；对蚜虫、蓟马和叶螨而言，湿度越低，成活率和繁殖力越高。温湿度是影响害虫生长、发育的最重要因素，二者同时存在，综合影响，综合作用。

（3）降雨对害虫的影响

除了提高空气湿度和土壤湿度会影响害虫的生长、发育、生存和繁殖外，大雨或暴雨对蚜虫、粉虱、叶蝉等小型害虫，螨类，害虫初孵幼虫和卵起冲刷、黏着等机械致死作用。如烟青虫、菜粉蝶、甘蓝夜蛾的卵多产在寄主植物的表面，易受暴风雨冲刷而脱落。菜蛾、豆蚜、红蜘蛛等在暴雨冲刷下，虫口迅速下降。

（4）光对害虫的影响

光不是害虫的生存条件，但外界光因素与害虫的趋性、活动行为、生活方式都有直接或间接的联系。植物的花色和叶色也能引起害虫趋向的差异。光强度影响昆虫昼夜节律，如夜蛾成虫均在黄昏后取食、交配和产卵等；蝶和蜂，白天活动，晚上静止。光照周期主要影响害虫的滞育。

（5）小气候对害虫的影响

在生态学中，气候可分为大气候（Macro-climate）、生态气候（Eco-climate）和小气候（Micro-climate），以小气候对害虫的生长发育影响最大。小气候是指近地面大气层约 1.5m 范围内的气候而言。植物生长及害虫生存地范围内的气候属小气候范围。地势、地形、方位、土壤性质、地面覆盖物均影响小气候。

3. 天敌因素

目前，蔬菜生产中常见天敌包括瓢虫（如七星瓢虫、异色瓢虫、龟纹瓢虫）、小花蝽（如东亚小花蝽、南方小花蝽）、蚜茧蜂、丽蚜小蜂以及捕食螨（如胡瓜钝绥螨、拟长毛钝绥螨）等野生及商品化的天敌。构建并维持一个健康的菜田生态系统，通过多品种栽培、天敌诱集植物间作、商品化天敌的释放、药剂防治的改进等综合措施，促进天敌在菜田生态系统中的增殖，可以有效制约蔬菜害虫的发生与为害。

二、营养对提高蔬菜抗性的影响

矿质营养是植物正常生长发育所必需的。通过合理平衡的施肥措施不仅可以使植物旺盛健壮，提高果实品质，增强抗病力，而且多数矿质元素自身及其代谢物，或通过作为病原物的营养需要，或通过对其产生毒害等作用直接影响病原物的侵染繁殖。因此，通过持续、均衡的施肥措施，对蔬菜进行营养调控，可以最大限度地提高其对病虫害的抗性。

（一）抗病性

大量元素中，过量施用氮素一般会减弱植物的抗病性。高氮能够提高植株质外体和叶表面的氨基酸和酰胺浓度，诱导病原菌孢子的萌发；通过降低酚类代谢酶活性使酚含量下降、木质素含量降低以及硅的积累减少等，可减弱植株对病原菌入侵的机械阻碍作用。

钾对多种病害均表现出抑制作用，这是其多种生理功能（提高光合作用，增厚细胞壁，刺激产生木质素、纤维素等）的综合作用结果。施用钾肥可阻碍油菜黑斑病（*Alternaria brassicae*）孢子的萌发，减少产孢，从而减轻病害的发生。试验证明，每周或每半月使用1次磷酸氢二钾、磷酸二氢钾加氢氧化钾及硝酸钾等无机钾盐，在防治温室黄瓜的叶部白粉病上与吡啶类杀菌剂啶斑肟的效果相当。

中量元素中，钙是植物抵抗病原物侵染、减少病害发生的一个重要营养元素。研究结果显示，钙在维持细胞膜稳定性与细胞完整性方面具有重要作用。钙能够在胞间层形成多聚半乳糖醛酸钙，有效提高细胞壁的稳定性，通过维护细胞壁和细胞膜功能和结构的完整性来增强寄主对部分病原菌及生理病害的抗性。果实缺钙，会造成呼吸作用和某些酶活性加强，引起果实衰老，诱发多种缺钙性生理病害，如番茄脐腐病等。

微量元素硅虽然不是植物所必需的元素，但作为有益元素已被广泛认可。研究显示，黄瓜植株吸收硅后可减轻白粉病的发生。富含硅的黄瓜叶片上，白粉病菌落产生吸器的数目大大减少，而且病原菌分生孢子梗的发展受到抑制，从而使病原菌的繁殖率下降，推迟了病原菌的扩散。

（二）抗虫性

同样，增施氮肥可以增加食物的适口性而加重害虫的为害。南瓜缘蝽危害严重程度与氮肥施用量呈显著正相关。过量氮素也会导致蚜虫、叶螨等刺吸式口器的害虫种群数量的增加。从抗虫角度讲，增施磷、钾肥可增加茎和叶的机械强度，阻碍害虫的取食。

除氮、磷、钾外，钙和硅等中量、微量矿质元素也可以影响植物体内的生物碱类、酚类、萜类和黄酮类等次生物质的生成。因此，调控这些元素的水平，可以通过引诱、抑制取食和直接毒杀等多途径达到抗虫目的，如钙、钾合理搭配可以控制苜蓿斑翅蚜（*Therioaphis maculata*）在苜蓿上的为害。

三、安全蔬菜病虫害防控原则

安全蔬菜病虫害防控应从菜田生态系统的角度出发，以培育健康的蔬菜为核心，综合运用农业、物理、生物以及药剂等多种环境友好型防控措施，以满足各级安全蔬菜的生产要求。

（一）蔬菜病害防控

蔬菜病害的发生是病原物—寄主植物—环境条件（侵染性病害）之间相互作用的结果，所以，防治方法必须针对 3 个环节；在防治思路上要从病三角或病二角出发，对于侵染性病害要创造有利于植物而不利于病原生物的环境，提高植物的抗性，尽量减少病原生物的数量，最终减少病害的发生，扭转“植物保护就是喷洒农药”的错误概念。

值得注意的是，植物病害的发生有一个发生发展过程，只有当表现出明显症状时才容易被发现，但此时病害已到晚期，往往难以控制。所以，病害的防治一定要根据不同时期病害发展的特点和弱点选择适当的方法，而且要进行整个生产过程的防治，即产前、产中和产后相结合，植物检疫、土壤消毒、种子处理、有益微生物引进、环境调控、合理间作以及药剂防治等措施综合使用，特别要抓前期的防治，达到事半功倍的效果，避免前期不预防、病害高峰时各种农药一起喷，结果浪费了大量的人力物力和财力，既没有收到应有的防治效果，又破坏了环境。

（二）蔬菜虫害防控

常规蔬菜病虫害防治的策略是治理重于预防（对症下药、合理用药），着眼点是蔬菜—害虫，以害虫为核心，以药剂为主要手段。安全蔬菜生产病虫害防治的策略应以预防为主，以培育健康的蔬菜和构建良好的菜田生态系统为目标，对害虫采取调控而不是消灭的“容忍哲学”。所以，建立不利于病虫害发生而有利于天敌繁衍增殖的环境条件是安全蔬菜生产中病虫害防治的核心，其虫害防治技术为生态型技术。

导致害虫数量变动的主要条件有营养因素和物理因素，前者主要涉及害虫的食料条件，例如，植物种类、数量、生育期、生长势和季节演替等；后者主要包括温度、光照、水分和湿度等气候条件，其中，农田小气候的作用尤值得注意。各种植物既供给害虫以食料和栖息场所，又常影响与害虫发生有关的小气候。因此，安全蔬菜生产虫害防治有效途径选择适宜的立地条件、种植结构和播期，利用作物品种多样性，建立较为稳定平衡的生态体系；对种子、种苗或其他无性繁殖材料进行消毒处理；合理施肥，加强生长季节田间管理；冬季清园；采用适当的药剂防治等。

总之，“预防为主、综合防治”是中国植保工作的总方针，也是蔬菜病害综合治理的基本原则。这个原则以经济学和生态学为基础，把有害生物看成是自然生态系统中的组成部分，他们同作物在统一的环境下既相互依存又相互抑制，在这种动态平衡系统中，有害生物不会自行灭亡，也不会造成明显经济损失。只有自然平衡系统受到破坏时，有害生物才可能猖獗一时，给生产带来严重损失。

根据上述原理，在生产操作中，我们必须从病害与环境及社会条件的整体观念出发，依据标本兼治、防重于治的原则，充分发挥自然控制因素的作用，因地因时制宜地对有关病虫害采用适当的环境治理、化学治理、生物防治或其他有效手段，组建一套系统的防治措施，把病害控制在经济损害水平之下。“预防”在植物病虫害的防治中是极为重要的，它包含两层含义，一是通过检疫措施预防危险性病虫害的传播和蔓延，用于局部地区发生的危险性病害。二是在病虫害发生之前采取措施，把病害消灭在未发生时或初发阶段。“综合防治”措施是指多种防治手段有机结合，以环境治理为基础，根据病害的特点，选择相应的手段和方法，注重各种手段的增效性和互补性，提高整体防治效果，以获得最佳的经济、社会和生态效益。

第二节　病虫害安全防控通用技术

与多年生的果树，茶叶不同，蔬菜生产具有生长周期短、复种指数高、品种变化大、采收频繁等特点，加之又具有露地与设施栽培两大环境，因而菜田生态系统稳定性较差，天敌种群不易建立，且病虫害种类多，组成变化大，易出现多种病虫害同时发生的情况。

安全蔬菜病虫害防治，应以作物为中心，进行健体栽培，提高蔬菜自身抗性；以农业措施为基础，通过土壤改良，利用茬口安排、品种搭配以及设施栽培技术，调控菜田小环境，切断病虫害的传播途径，恶化其生存空间，并综合利用生物、物理措施，必要时辅以药剂防治，压低害虫虫口密度，保护天敌种群数量，最终建立一个健康的菜田生态系统，以达到经济合理、生态持续、社会和谐的三赢效果。

安全蔬菜病虫害防治技术应该从预防技术、测报技术和治疗技术 3 方面入手。

一、预防措施

一般而言，预防措施至少应在土壤、环境和作物 3 个层面上采取调控措施，使其均保持健康，才能最终构建起健康的蔬菜生态系统。一个健康的蔬菜生态系统，可以最大限度地抑制病虫害的发生、发展空间，最大限度地提供蔬菜生长的最佳条件，使蔬菜作物抵抗病虫害的能力最大化。

（一）健康土壤构建

在安全农业生产体系中，土壤是一个有生命的体系，健康的土壤状况（良好物理性状、均衡的矿质元素配比、合理的微生物区系）有助于土壤养分更好地转化与提供，不仅能够及时、持续、平衡地为蔬菜提供所需的养分，而且对于外来病原微生物具有一定的抗性。

达到并维持一个健康的土壤状况，至少包括包含以下 3 个层面的措施。

1. 土壤培肥

持续、均衡的土壤培肥措施，是保障土壤健康的基础。土壤中氮素过多，不仅会导致蔬菜等作物产品亚硝酸盐含量增高，而且直接引发刺吸类害虫诸如粉虱、蚜虫等种群数量的增长。因此，虽然如前文所述，无公害农产品、绿色食品和有机产品生产中，对于施肥的种类及要求各有不同，但是，这 3 种生产方式的土壤培肥宗旨均为“必须建立起以作物为核心的施肥系统”。其原则为：有机肥与化肥相结合（有机蔬菜生产禁止使用化肥）；因土壤、作物而异平衡施肥；确定合理的轮作施肥制度，合理调配养分；选择合理的施肥技术，提高肥料利用率。土壤培肥措施所考虑的主要因素包括：肥料的种类、不同蔬菜作物的营养需求、土壤的释放能力和产品对营养的消耗，以最终达到土壤中营养物质“稳定库存，略有节余”的目的。

部分蔬菜对氮、磷、钾等营养成分的需求，见表 2－1。常用农家肥的种类及其营养含量见表 2－2。

表2－1　不同蔬菜经济产量1 000kg的需肥量　（单位：kg）

蔬菜种类	氮（N）	磷（P_2O_5）	钾（K_2O）
萝　卜（鲜块根）	2.1～3.1	0.8～1.9	3.8～5.6
甘　蓝（鲜茎叶）	3.1～4.8	0.9～1.2	4.5～5.4
菠　菜（鲜茎叶）	2.1～3.5	0.6～1.1	3.0～5.3
茄　子（鲜果）	2.6～3.0	0.7～1.0	3.1～5.5
胡萝卜（鲜块根）	2.4～4.3	0.7～1.7	5.7～11.7
芹　菜（全株）	1.8～2.0	0.7～0.9	3.8～4.0
番　茄（鲜果）	2.2～2.8	0.50～0.80	4.2～4.80
黄　瓜（鲜果）	2.8～3.2	1	4
南　瓜（鲜果）	3.7～4.2	1.8～2.2	6.5～7.3
甜　椒（鲜果）	3.5～5.4	0.8～1.3	5.5～7.2
冬　瓜（鲜果）	1.3～2.8	0.6～1.2	1.5～3.0
西　瓜（鲜果）	2.5～3.3	0.8～1.3	2.9～3.7
大白菜（全株）	1.77	0.81	3.73
花　菜（鲜花球）	7.7～10.8	2.1～3.2	9.2～12.0
架　豆（鲜果）	8.1	2.3	6.8
洋　葱	2.7	1.2	2.3
大　葱	3	1.2	4

表2－2　农家肥种类及营养含量　（单位:%）

肥料名称	氮（N）	磷（P_2O_5）	钾（K_2O）
粪肥类			
猪粪尿	0.48	0.27	0.43
猪　尿	0.3	0.12	1
猪　粪	0.6	0.4	0.14
猪厩肥	0.45	0.21	0.52

（续表）

肥料名称	氮（N）	磷（P_2O_5）	钾（K_2O）
牛粪尿	0.29	0.17	0.1
牛　粪	0.32	0.21	0.16
牛厩肥	0.38	0.18	0.45
羊粪尿	0.8	0.5	0.45
羊　尿	1.68	0.03	2.1
羊　粪	0.65	0.47	0.23
鸡　粪	1.63	1.54	0.85
鸭　粪	1	1.4	0.6
鹅　粪	0.6	0.5	1
饼肥类			
菜籽饼	4.98	2.65	0.97
黄豆饼	6.3	0.92	0.12
棉籽饼	4.1	2.5	0.9
蓖麻饼	4	1.50	1.9
芝麻饼	6.69	0.64	1.2
花生饼	6.39	1.1	1.9
绿肥类（鲜草）			
紫云英	0.33	0.08	0.23
紫花苜蓿	0.56	0.18	0.31
大麦草	0.39	0.08	0.33
小麦草	0.48	0.22	0.63
玉米秆	0.48	0.38	0.64
稻　草	0.63	0.11	0.85

2. 土壤改良

除了合理翻耕、施用有机肥外，向土壤中添加植物残渣、饼肥、壳质粗粉等天然土壤改良剂，也能够改善土壤的理化特性，提高土壤中有益微生物的数量与活性，从而抑制病害，尤其是土传病害的发生。土壤改良剂主要可以起到以下几方面的作用。

（1）直接抑菌作用

土壤改良剂在降解时会产生挥发性物质（其中大多数对病原菌有害），从而抑制病原菌的生长。添加十字花科蔬菜的菜渣，可抑制豌豆根腐病，原因是这些菜渣分解后，可以释放硫醇、硫化物等气体，这些气体具有与土壤熏蒸剂相似的杀菌作用。

（2）调节微生物区系

土壤改良剂能够明显增加根际微生物的数量，特别是拮抗菌，如木霉菌、芽孢杆菌、黑曲霉及粉红黏帚霉等。向土壤中添加紫花苜蓿，其释放的挥发性物质，可以迅速提高土壤微生物的活力。此类挥发物质是由 20 种以上的化合物组成，其中，乙醛、甲醇等为主要有效物质，乙醛可以增加土壤真菌的数量，而甲醇则有利于促进细菌的繁殖，乙醛与甲醇混合则有助于细菌及放线菌的增长。

（3）诱导抗病性

蟹壳、虾壳壳质粗粉中的几丁质与壳聚糖可以提高植物和生防菌的几丁质酶活性，而几丁质酶能够分解病原菌细胞壁或线虫体内的几丁质。几丁质作用于侵染植株的病原菌后，植株体内产生的几丁质寡糖可以活化植物细胞膜上的蛋白质激发酶，使细胞内的酶产生磷酸化反应以提高活性，启动植物的防御系统并产生干扰素、酚类复合物等抗病物质，对病原菌产生抑制作用。另外，这一过程也会促进植株木质化，将病原菌隔绝，使之无法侵染。几丁质与壳聚糖是天然聚合物，将其应用于农业生产不会产生任何毒副作用，几丁质等含氮高分子聚合物在土壤中经微生物分解后的最终产物又可被植物吸收，所以，其在防治植物病害、促进植物生长方面扮演了重要角色。

（4）改良土壤结构

土壤改良剂可以改进土壤透气性（黏重土）和保湿性（沙土），从而提高排水和灌水效率，有利于种子的萌发和幼苗根系的生长。土壤改良剂能够影响土壤温度，在一定程度上缩小昼夜温差，在温暖地区通常可以提高土温，特别是利用秸秆还田覆盖地表的情况下，还有调节过度高温的作用。对土壤结构的改良有利于植株健壮生长，提高自身的抗病能力。

常见的土壤改良剂种类如表2-3。

表2-3　常见的土壤改良剂

种　类	物　质	抑制作物病害	病　源
堆　肥	锯屑和牛粪	瓜类蔓枯病	*Mycosphaerella melonis*
	树皮与鸡粪	大白菜烧心病	—
绿　肥	花生叶、田菁叶	番茄枯萎病	*Fusarium oxysporum* f. sp. *lycopersici*
植物残渣	甘蓝、芥蓝和芥菜（十字花科蔬菜）残渣	豌豆根腐病	*Aphanomyces euteiches drechsler*
	莴苣	黄瓜根腐病、茎腐病	*Fusarium oxysporum* f. sp. *radicis-cucumerinum*
壳质粗粉	蟹壳、虾壳粗粉	豌豆枯萎病	*Fusarium oxysporum* schl. f. sp. *pisi* (Van Hall) Snyder & Hansen
饼　肥	花生饼、芥籽饼、芝麻饼	马铃薯萎蔫病	*Fusarium oxysporum* f. sp. *coparsici*
	芥籽饼、亚麻饼	鹰嘴豆根节线虫	*Meloydogyne incognita*

3. 土壤消毒

如枯萎病、猝倒病等许多土传病害，病原菌随病残体潜伏在土壤中越冬，成为翌年的初侵染源。育苗及定植之前，利用物理（高温、嫌气）或化学（矿物源药剂、化学合成药剂）措施进行土壤消毒，是培育健康蔬菜，防治土传病害，兼防地下害虫、杂草的有效途径。

（1）日光消毒

选择夏季高温时节，在浇水后的菜田地表铺设地膜，利用日光加热土壤，可以杀死多种病源物或降低其活性，成功控制一些土传病害。另外，此项措施对菜田杂草也有一定的控制效果。

日光消毒成本低，有利于在夏季日照充足，气温高，热资源丰富的蔬菜生产地区推广使用。但是，日光消毒处理所需时间一般较长（10～15d），且效果易受土壤颜色和结构、覆盖物、降雨量等因素影响，在不同的年份、季节、地区表现不一，需根据当地实际情况合理使用。

（2）石灰处理

石灰本身具有一定的灭菌作用，可以在土壤中施用一定数量的石灰进行消毒，如果结合地表覆膜，效果更好。例如，温室生产中，春茬黄瓜拉秧后，清洁田园，然后每667m^{2}施石灰50～100kg和铡碎稻草500～1 000kg，深翻土壤30～50cm，混匀，筑高畦灌水并保持水层，覆盖地膜，密闭温室15～20d，可以防治枯萎病等土传病害以及疫病、细菌性角斑病、根结线虫等病害。

另外，生石灰（氧化钙）遇水形成氢氧化钙，能够在水面产生一层氢氧化钙薄膜而隔绝空气。春、夏季露地蔬菜栽培中，在前茬作物拉秧、清园后，可以筑高畦，按每667m^{2}施生石灰60～75kg，进行淹水，保持水层7～15d。这种做法可以起到碱性杀菌，水层、钙膜淹闭闷杀病菌、地下害虫的双重作用，同时，可以保持前作菜园土壤结构状态，有利于筑畦和耕翻。离水重新筑畦时应注意原沟为畦，原畦为沟，保证彻底消灭病原菌及地下害虫。

（3）硫黄熏蒸

设施蔬菜生产中，可以根据不同的病害，将一定数量的硫黄粉与2倍质量的锯末混合均匀，点燃，利用硫黄燃烧后产生的二氧化硫气体作用于病原菌进行土壤消毒。由于硫黄在空气中燃烧会发生如下反应：$S + O_2 = SO_2$，$2SO_2 + O_2 = 2SO_3$；而当SO_2、SO_3与水或湿度大的空气相遇时又会发生下列化学反应：$SO_2 + H_2O = H_2SO_3$，$SO_3 + H_2O = H_2SO_4$。SO_2、SO_3及H_2SO_4等与蔬菜组织接触后，易产生组织灼伤，导致萎蔫以至枯死，因此，硫黄粉熏蒸应在前茬蔬菜拉秧、清园后进行，效果较好，而不宜在生产季节使用。另外，硫黄熏蒸对金属骨架的棚室也会产生一定的腐蚀作用，需要引起注意。

（4）化学土壤消毒剂

在无公害与绿色食品食品生产中，可以采取化学合成药剂进行土壤消毒。目前，较为先进与安全的有20%辣根素等。辣根素来源于植物，其主要成分为异硫氰酸烯丙酯等，是调味剂芥末油、芥末膏的主要原料，具有杀虫和灭菌的效果。广泛用于食品、化工、农药和医药等行业，属于环境友好型化合物，是替代溴甲烷的重要产品。

另外，多菌灵、甲醛等也可以作为土壤消毒剂。

（二）生态环境调控

生态环境调控技术目的在于构建一个健康的菜田生态系统，创造适宜蔬菜生长发育的外部（土壤、植被）环境。土壤是对菜田生态系统功能起重要作用的一个动态的、有生命的自然体，土壤健康是菜田生态系统健康的基础。通过合理耕作、施肥及施用土壤改良剂等措施，可以优化土壤结构，改善土壤微生物群落组成，提高土壤的生态肥力，从而提升整个土壤生态系统的功能。植被方面，通过多品种栽培以及菜田周边诱集、驱避作物的种植，保障物种多样性和遗传基因多样性，创造有利于天敌栖息、繁衍，不利于病虫害发生、蔓延的生态环境条件，增加菜田昆虫群落丰富度，强化食物网的结构和功能，从而构建稳定性高、变易性小的可持续发展的生态体系。

1. 菜田生态环境建设

（1）品种安排

建设有机蔬菜生产基地之前，必须依据经济目标及当地病虫害的发生情况，制定合理的栽培计划，选择适当的品种搭配及轮作模式以遏制病虫害的发生。品种安排应至少考虑如下关键因素。

①切断食物源与产卵地点：切断食物源与产卵地点，能够显著恶化害虫的生存环境，尤其是在早春，压低虫口基数，可以为全年蔬菜生产打下良好基础，这一点对于寡食性害虫更为有效。例如甘蓝、芥蓝等十字花科蔬菜销路好，价格高，因而在许多蔬菜产区连续周年种植，是导致小菜蛾在全国范围内严重发生的直接原因之一。有条件的地区，早春可以种植一茬莴苣、生菜等小菜蛾不喜取食的菊科蔬菜，能够明显降低其虫口基数。又如，北方蔬菜产区发生较重的豌豆潜叶蝇，其早春第一代仅危害豌豆和油菜等越冬寄主或早春蜜源植物，如果上述品种栽培面积较大，则豌豆潜叶蝇严重发生的风险就大。温室白粉虱、烟粉虱是设施栽培蔬菜的主要害虫之一，棚室第一茬选择其不喜取食的芹菜、蒜黄等耐低温的作物，减少黄瓜、番茄的栽培面积，可以有效减轻其为害。

②错开发生高峰：由于温度、湿度等气候条件的不同，在蔬菜生长季中，不同病虫害的发生高峰各异，可以利用设施栽培，通过早播或迟播，避开其发生高峰，降低为害。北方地区立秋前后播种，可以减轻霜霉病的为害。在南方地区，5～7 月小菜蛾

危害较轻，可以通过架设遮阴网的方法种植十字花科蔬菜，满足市场需要；4～6月是豇豆螟的盛发期，可以通过推迟豇豆的播期减轻其为害。

（2）天敌招引

根据不同天敌的习性，在菜田周围适当种植某些作物，即能够起到隔离带的作用，又能够为天敌提供食物及产卵、躲避不良环境的栖息地，具有招引天敌的效果。伞形花科植物香芹（荷兰芹），作为蜜源植物可以招引大量土蜂前来取食并寄生当地的蛴螬；菜田周边种植唇型科的夏至草能够诱集小花蝽消灭菜田蚜虫。

（3）害虫忌避与诱杀

某些害虫对特定的挥发油、生物碱或其他一些植物次生代谢产物不但不取食，反而避而远之，这就是忌避作用。种植能够产生这些次生代谢产物的植物可以起到驱避害虫的作用。例如，在十字花科蔬菜田中种植薄荷，能够减少菜粉蝶产卵；栽培除虫菊、大蒜可以驱避菜田蚜虫。

蓖麻是人们所熟悉的一种大戟科植物，它不但能够引诱金龟子，而且其种子和叶片中的毒蛋白（Ricin）、蓖麻碱（Ricinine）又对金龟子成虫具有胃毒作用。通过育苗等措施，选择适当时期在田间、地边种植蓖麻，使其真叶出现时期与金龟子成虫羽化期吻合，便可大量诱杀金龟子。

另外，各种害虫普遍对寄主都具一定的取食选择性，有嗜食的蔬菜品种，如小菜蛾喜食十字花科蔬菜，但其中以叶片较厚的甘蓝、芥蓝、萝卜等受害最为严重，而白菜、油菜等蔬菜次之；菜粉蝶为害十字花科蔬菜，偏嗜甘蓝；黄条跳甲类害虫已知寄主共8科19种，主要为害十字花科、茄科、豆科、葫芦科等蔬菜，在十字花科蔬菜中，更喜食白菜、芥菜、菜心，而芥蓝次之；多食性的斜纹夜蛾可为害99科290多种蔬菜，以水生蔬菜、十字花科蔬菜和茄科蔬菜受害最重。甜菜夜蛾在中国已知的寄主为78种，其中包括29种蔬菜，受害最严重的包括甜菜、白菜、萝卜、菠菜、苋菜等。根据这些特点，选择一些比主栽品种更易遭受危害的蔬菜种类间作，可以起到诱集（消灭）主要害虫、保护主栽品种的效果。

芋头是斜纹夜蛾寄主中发生最早，也是其最喜欢产卵和食用的作物。在辣椒、蕹菜、苦瓜等蔬菜田中种植芋头吸引斜纹夜蛾产卵，加以消灭，能够有效防治其为害。试验证明当芋头与主栽蔬菜面积比例为1∶9时，不仅能降低虫源，而且主栽蔬菜的单位面积产量也较高。白菜与葱、菜心与茄子间作，能显著地减轻黄曲条跳甲对白菜、菜心的为害；白菜地间作芥菜，白菜上成虫数量逐渐减少，芥菜上的虫量逐渐增加；在芥蓝地上间作萝卜后，黄曲条跳甲成虫大都转移到萝卜上为害。试验显示每隔约15m间种一行萝卜，诱集跳甲成虫的效果十分明显。豇豆田边种植金盏菊，对斑潜蝇有很好的诱集效果，早期叶片受害率达90%以上，利于集中消灭。

设施蔬菜生产中，少量西芹与茄科作物间作，可以有效降低白粉虱种群的扩散与发展。

（4）改善田间小气候

瓜类、茄果类蔬菜与玉米间作可减少病害发生。玉米在高温季节，可以作为上述蔬菜降温遮光的生物屏障，能够降低地表温度，提高湿度，减轻病毒病和生理病害的发生。一般每3～4畦蔬菜种植1畦玉米即可奏效。

2. 轮作和间作

（1）合理轮作

菜田生态系统中，蔬菜—环境—病虫害的三角关系以及蔬菜与病虫害的直接互作和演替，形成了时间、空间上的相互依赖与制约。揭示、利用该规律，进行合理轮作，有利于避开作物敏感期和病虫害发生的高峰期，降低蔬菜的受害程度。轮作要适应市场需求和生产条件，可以根据不同蔬菜品种的特性，合理搭配适宜的轮作品种。

同一地块连年种植同一种作物或一种复种形式称为连作或重茬。连作极易引起连作障碍导致减产。一方面，连作有助于作物主要病虫害周而复始地进行侵染，形成恶性循环，如黄瓜霜霉病、根腐病、跗线螨，番茄晚疫病和辣椒青枯病、立枯病等。另一方面，由于不同作物吸收土壤营养元素的种类、数量及比例各异，根系深浅与吸收水肥的能力也不尽相同，因此，连续种植同一种蔬菜会导致土壤养分供给不平衡。例如，叶菜类需氮肥较多、茄果类需磷肥较多，根茎类蔬菜需钾肥较多；豆科蔬菜虽然对钙、磷和氮吸收较多，但由于根瘤菌的作用及根、叶残留物较多，种植豆科植物之后，土壤含氮量较高，土质较疏松；十字花科及一些叶菜类蔬菜的根系分泌有机酸，可使土壤中难溶性的磷得以溶解和吸收，因而具有富集磷的功能。另外，有些蔬菜根系的分泌物以及产生的一些多余盐类都会残留在土壤中为害自身或下茬作物，而且由于连作地块的耕作、施肥、灌溉等方式固定不变也会导致土壤理化性质恶化，肥力下降等情况造成蔬菜产量和品质的损失。

防止连作障碍最好的方法是轮作。轮作是指在同一地块上按一定顺序逐年或逐季轮换种植不同的作物或轮换采用不同的复种方式进行种植。轮作是控制病虫害最实用、最有效的方法之一，是中国传统农业的精华，也是有机农业病虫害调控的基本措施。制定轮作计划应遵循以下基本原则。

①在植保方面，应首先考虑病虫害的寄主范围，使其缺乏寄主营养而死亡。因此从分类学上属于同一科的蔬菜（如番茄、茄子、辣椒和甜椒等同属茄科；芥蓝、菜心、奶白菜、萝卜等同属十字花科；莴苣、生菜、莜麦菜等同属菊科）不宜轮作。在

同一科作物内，也应根据市场需求及病虫害发生情况合理安排不同种类或品种蔬菜的种植面积。例如，温室白粉虱嗜食茄子、番茄、黄瓜、豆类，所以，上茬为黄瓜、番茄、菜豆，下茬应安排甜椒、油菜、菠菜、芹菜、韭菜等，可有效减轻其危害。另外，不同作物其病虫害在土壤中的存活时间不同，因此，应考虑轮作年限，如番茄应间隔 3 ~5 年；豆类（包括菜豆、豌豆、荷兰豆、架豆等）应间隔3 年以上；甘蓝类应间隔4 年；白菜应间隔2 ~3 年；马铃薯应间隔4 年以上。一些生长迅速或栽培密度大、生长期长、叶片对地面覆盖程度大的蔬菜，如瓜类、甘蓝、豆类、马铃薯等，对杂草有明显的抑制作用，而胡萝卜、芹菜等发苗缓慢或叶小的蔬菜，易滋生杂草。将这些不同类型的蔬菜进行轮作，可以减轻草害，提高产量。

②从土壤肥力的平衡利用角度考虑，应把需氮肥较多的叶菜类、需磷肥较多茄果类和需钾肥较多的根茎类蔬菜轮作；把深根性的豆类、瓜类、茄果类蔬菜，同浅根性的白菜、甘蓝、黄瓜、葱蒜类蔬菜轮作；把需肥多的蔬菜与需肥量少的蔬菜轮作，如西兰花—四季豆。另外块根、块茎类蔬菜最忌连作，但此类蔬菜多为垄作，喜疏松土壤，收获后可使土壤疏松熟化，是许多蔬菜的首选前茬。

蔬菜轮作的组合很多，如葱、韭、蒜与葫芦科或茄科作物的轮作或间作；蔬菜与防治线虫作物（如万寿菊等）轮作；蔬菜与绿肥作物轮作等。也可选择病虫害少，可以不用或少用农药的蔬菜进行轮作，如薯蓣科的山药、日本薯蓣、芋头，藜科的菠菜、碱蓬，伞形科的胡萝卜，水芹、香芹、芹菜、茴香，菊科的牛蒡、莴苣、茼蒿，唇形科的紫苏、薄荷，姜科的姜，旋花科的甘薯和百合科的韭菜、大蒜、大葱、洋葱、石刁柏、百合等。

（2）间作

间作是指把生长季节相近的两种或两种以上的作物成行或成

带的相间种植。间作可以建立有利于天敌繁殖，不利于害虫发生的环境条件，其主要机制表现为干扰害虫寻求寄主行为和干扰种群发育和生存。

干扰寻求寄主行为主要包括以下几种。

①隐瞒：依靠其他重叠植物的存在，寄主植物可以受到保护而避免害虫的为害（如依靠保留的稻茬，可以避免黄豆苗期潜叶蝇的危害）。

②作物背景：一些害虫喜欢一定作物的特殊颜色或结构背景，如蚜虫、跳甲更易寻求裸露土壤背景上的甘蓝类作物，而对有杂草背景的甘蓝类作物反应迟钝。

③隐蔽或淡化引诱刺激物：非寄主植物的存在能隐藏或淡化寄主植物的引诱刺激物，使害虫寻找食物或繁殖过程遭到破坏。

④驱虫化学刺激物：一定植物的气味能破坏害虫寻找寄主的行为（如甘蓝与番茄间作、莴苣与番茄间作可驱逐小菜蛾）。

干扰种群发育和生存主要包括以下几种。

①机械隔离：通过种植非寄主组分，进行作物抗性和感性栽培种的混合，可以限制害虫的扩散。

②缺乏抑制刺激物：农田中，不同寄主和非寄主的存在可以影响害虫的定殖，如果害虫袭击非寄主植物，则要比袭击寄主植物更易离开菜田。

③影响小气候：间作系统将适宜的小气候条件四分五裂，害虫即使在适宜的小气候生境中也难以停留和定殖。

④生物群落的影响：多作有利于促进多样化天敌的存在。

多样化种植对病虫害具有控制效果。试验表明，将不同抗性的豇豆品种与辣椒、苦瓜、番茄、洋姜等作物间作，与净作模式对照区相比较，对豆荚螟、红蜘蛛、斑潜蝇的控制效果幅度分别为11.11%～66.67%、21.53%～47.4%、11.5%～45.8%。多样性种植对病害的发生发展有明显的控制效果，间作区的病情指数增长缓慢，对白粉病的控效幅度为19.82%～80.62%，其中，以成豇3号+洋姜间作区对白粉病的控制效果最好，控病率达到80.62%。

3. 菜田小气候控制

地表1.5～2.0m的空气层中，水、热、气呈规律性变化，称为小气候（Micro-climate），蔬菜生长及病虫害生存的主要范围内的气候均属小气候范围。小气候气象要素在时间和空间上变化幅度较大，温度可能因相差几厘米的高度而产生数摄氏度的差异。蔬菜栽培中，可因温度的差别而使物候期相差几天至半月。小气候地域小，表现为局部气候，因此可以通过人为措施加以调节，这一点对设施栽培尤为关键。

小气候的关键控制因素主要包括温度、湿度以及光照等。

（1）温度调控

露地蔬菜生产中，利用合理的中耕、翻地等松土措施，有利于土壤的纳水保能和肥力提高。松土可以增加地表温度1～2℃。设施栽培中，如遇特殊的低温天气，设施外部可以利用风障、防寒沟或增加覆盖物等方法提高棚室温度；设施内部可以通过增设拱棚、铺设地热线等措施增温，以满足蔬菜的生长需求。冬季温室中黄瓜、番茄的温度管理要求见表2－4。夏季炎热时，棚室需注意及时放风，降温。

表2－4　冬季温室中黄瓜、番茄的温度管理

品　种	时　间	要　求
黄　瓜	生育前期 (9月中旬前后)	日温27～30℃；夜温20℃左右
	生育中期 (9月下旬～10月中上旬)	日温25～28℃；夜温16℃左右
	生育后期 (10月中旬以后)	日温高于26℃；夜温高于13℃；少浇水，保持高温，提高地温，减少通风时间，夜间不再通风，大棚加盖草苫，提高夜温，延长结瓜期

（续表）

品种	时间	要求
番茄	栽培初期 (8月上旬~9月上旬)	上午17~32℃；下午22~26℃；夜温20~24℃
	开花期	上午26~28℃；下午24℃左右；夜温20℃以下
	坐果期	上午25~27℃；下午22℃左右；夜温18℃左右
	成熟期	日温27~22℃；夜温高于10℃；秋冬季番茄为延长供应期，应使果实晚熟：在番茄基本长大待熟时，不浇水或少浇水，注意通风防病，保持偏低温度，进行活秧贮存

（2）湿度调控

湿度是设施蔬菜栽培中诱发病害的最关键因素，许多病害如霜霉病、白粉病等，其孢子的萌发均需较高的相对湿度。可以通过排风口、排风机等设施按时排风降湿，也可以利用滴灌、地面覆膜、膜下暗灌等措施，降低棚室湿度。确定合理栽培密度（如适当增加株距），提高通透性，也能够降低湿度。保证棚室中空气湿度相对较低，减少棚室、蔬菜叶面的结露时间，对减轻棚室有机蔬菜病害具有决定性的作用。相对湿度、环境温度与结露温度关系见表2－5。

表2－5　相对湿度、环境温度与结露温度的关系

相对湿度（%）	相应环境温度下的结露温度（℃）										
	5.0	7.0	9.0	11.0	13.0	15.0	17.0	19.0	21.0	23.0	25.0
100	5.0	7.0	9.0	11.0	13.0	15.0	17.0	19.0	21.0	23.0	25.0
95	4.3	6.3	8.2	10.2	12.2	14.2	16.2	18.2	20.2	22.2	24.1
90	3.5	5.5	7.4	9.4	11.4	13.4	15.3	17.3	19.3	21.3	23.3
85	2.7	4.7	6.6	8.6	10.5	12.5	14.5	16.4	18.4	20.3	22.3

（续表）

相对湿度（%）	相应环境温度下的结露温度（℃）										
	5.0	7.0	9.0	11.0	13.0	15.0	17.0	19.0	21.0	23.0	25.0
80	1.8	3.8	5.7	7.7	9.6	11.6	13.5	15.5	17.4	19.4	21.3
75	1.0	2.9	4.8	6.7	8.7	10.6	12.6	14.5	16.4	18.3	20.3
70	0.0	1.9	3.8	5.8	7.7	9.6	11.5	13.4	15.3	17.2	19.2
65	—	0.9	2.8	4.7	6.6	8.5	10.4	12.3	14.2	16.1	18.0
60	—	—	1.7	3.5	5.4	7.3	9.2	11.1	13.0	14.5	16.7
55	—	—	—	2.3	4.2	6.0	7.9	9.8	11.6	13.5	15.3
50	—	—	—	1.0	2.8	4.7	6.5	8.4	10.2	12.0	13.9

（3）光照调控

光是植物进行光合作用的能源，其波长、强度与辐射量不仅能影响蔬菜正常的生理活动，而且也会影响到病虫害的发生。对于光照的调控主要用于光照较弱的设施栽培。

人工补光可采取每 50m² 增加一个 100W 灯泡，以提高棚室内的光照强度。日光灯、白炽灯、高压汞灯、弧氙气灯均可使用。灯与蔬菜叶片需保持 50～60cm 的距离。冬季补光应在日出后进行，每天 2～3h，待室内光强增加后停止补光。阴雨天可全天补光。

（4）气体调控

CO_2 是蔬菜光合作用的原料，作为碳源参与糖的合成。大气中的 CO_2 虽然取之不尽，但设施栽培的蔬菜，尤其是瓜类及茄果类蔬菜，常因为 CO_2 缺乏而显风味不足。增施 CO_2 已经成为提高蔬菜质量、增加产量的重要措施。

（三）蔬菜健体栽培

安全蔬菜生产，不仅需要拥有一个良好的外部环境，培育健康的蔬菜，增强其抗病性，也是关键环节之一。可以从品种选择、土壤消毒、种子处理、培育壮苗以及营养平衡和调控等措施入手，调节蔬菜的自身健康，已达到最佳抵抗病虫害侵袭的状态。

1. 品种选择

应因地制宜选择适合于本地区蔬菜生产的特色优良品种，安全蔬菜生产鼓励使用地方品种。地方品种一般较为适应当地的土壤和气候特点，对病虫害具有一定的抗性。随着育种研究的不断深入，育种技术的不断创新，高产、优质、抗病的新品种不断产生，值得注意的是，有机蔬菜生产中，必须注意禁止使用包衣种子；同时，有机蔬菜与绿色食品蔬菜生产中均禁止使用转基因种子。广大生产者在选购种子之前应予以确认。

2. 种子处理

健康、饱满的种子是培育壮苗、提高抗性的基础。根据蔬菜种子的生物学特性及物理性状，通过各种处理方式，促进后熟、打破休眠、杀灭所带病菌，能够使种子快速、整齐萌发，以减少苗期病害的发生。种子处理通常有如下方式。

(1) 选种、晒种

通过风选、水选、粒选等方法，精选饱满、整齐度一致的种子，增加种子千粒重，提高发芽率。就蔬菜种子而言，其成熟可分为种熟和后熟两个阶段，形态上的成熟为种熟，生理上的成熟为后熟。播前日光晒种能够增进种子后熟，增强种子的发芽势。

(2) 打破休眠

种子休眠有各种原因，对于因种皮障碍引起休眠的蔬菜种子(如瓜菜类种子)，可以设法破坏种皮，促使种子膨胀、萌发，常用方法是将砂子掺入种子中搓种，磨破种皮。番茄、茄子等茄果类蔬菜的种子表面的黏液层有抑制种子萌发的作用，用1%的小苏打水溶液浸种12~24h，反复搓洗几遍，漂洗干净种子表面的黏液，能使发芽快速而整齐。夏秋播种芹菜、生菜、莴苣、菠菜等喜凉蔬菜的种子，可利用适当的低温处理打破休眠状态，方法是将洗净、浸种后的种子沥干水分，置于5℃低温下处理2～4d，取出置常温下催芽播种。

（3）浸种、催芽

浸种能够使种子在短期内吸足水分，迅速萌动，浸种结束后要用清水冲洗，将种子外表黏附的杂质洗净，防止霉烂。催芽可缩短种子在田间出苗的时间，减少虫、鸟、鼠等对种子的为害。方法是将浸好的种子用布包好，放在温箱内或室内高温处进行催芽，保持25～30℃，每天用温水淋洗1次，隔4～5h松包换气1次，直到种子大部分露白，催芽后要马上播种。

（4）种子消毒

干热消毒

此法适用番茄、茄子等蔬菜，使种子含水量降至7%以下，置于67～73℃的烘箱中，烘烤3h后取出浸种催芽，可杀死种子内外的病原菌。

温汤浸种

种子的胚芽在休眠时期可以耐受一定的高温。温汤浸种是先将种子在室温下浸泡3～6h，然后加入种子体积3～5倍的热水，保持50～55℃水温15～30min，取出冷却后再催芽播种。温汤浸种既能保证种子正常发芽，又能杀死种子表面携带的病原菌，其效果好坏决定于浸种处理的温度及时间。温汤浸种是一种简便、有效的传统消毒方法，适用于多种蔬菜。

温汤浸种所用的温度和处理时间可因种子大小、种皮薄厚及所携病害种类不同而异，具体建议如表2－6。

表2－6　不同蔬菜品种温汤浸种方法

蔬　菜	水温（℃）	时间（min）	预防病害
辣椒/甜椒	55	10	炭疽病、疮痂病

（续表）

蔬　菜	水温（℃）	时间（min）	预防病害
番　茄	52	30	叶霉病、早疫病、斑枯病
茄　子	50	30	黄萎病、褐纹病
黄　瓜	55	20	细菌性角斑病、炭疽病、霜霉病、病毒病
白　菜	50	10	黑斑病、炭疽病
萝　卜	50	15	黑腐病
芹　菜	48	30	早疫病、斑枯病

热水烫种

烫种可以快速杀灭种子表面携带的病原菌及虫卵。烫种要求水温在70～75℃，水量为种子量的3～5倍，种子需充分干燥，边浸边搅，待种子充分吸水膨胀为止。此法适合于种皮硬而厚、透水困难的种子，如韭菜、丝瓜、冬瓜等。

使用化学合成药剂消毒

无公害、绿色食品蔬菜生产中允许使用化学合成药剂进行种子消毒，常用药剂使用方法如下。

①使用包衣种子：当前市场上有许多蔬菜种子，厂商在出售前，已用药剂消毒处理过，叫做包衣种子。这类种子不必再行消毒了，买回来可以直接播种。注意包衣药剂需要满足无公害蔬菜及绿色食品蔬菜农药使用准则。

②药粉拌种：一般药粉用量为种子重量的0.1%～0.5%，把蔬菜种子和药粉放入玻璃内，摇动5～6min，使药粉与种子混合均匀后播种。常用杀菌剂是为70%托布津、50%的多菌灵以及30%的瑞毒霉等，详见表2－7。

表 2－7　无公害蔬菜、绿色食品蔬菜拌种药剂的品种及用量

作　物	药剂名称	药剂占种子的比例（%）	防治病害
黄　瓜	50% 福美双	0.3	细菌性病害
	50% 的多菌灵	0.3	黑星病
菜　豆	50% 的多菌灵	0.1	枯萎病
白　菜	50% 福美双	0.4	黑斑病、黑腐病、黑根病、霜霉病
	30% 的瑞毒霉	0.4	霜霉病等

③药剂浸种：药剂浸种是将种子浸泡在一定浓度的药液中，经过 5～30min 后取出，洗净、晾干或催芽的一种消毒方法。浸种后要用清水冲洗干净，否则会引起药害。药液用量通常为种子量的 1 倍。常用药剂有 1.0% 的硫酸铜液、0.2% 的高锰酸钾溶液、2% 的氢氧化钠溶液，以及 40% 甲醛溶液（福尔马林）等。如防治辣椒炭疽病和细菌性斑点病，先用清水浸 4～5h，然后用 1.0% 硫酸铜液浸 5～10min，取出用清水洗净催芽；0.2% 高锰酸钾水溶液浸种 15min 可以有效防治蔬菜苗期的立枯病、猝倒病等；氢氧化钠浸种能杀灭菜种内外大部分病毒和真菌，可以有效预防蔬菜病毒病、炭疽病、角斑病和早疫病等，使用方法是先用清水种浸 4h，然后置于 2% 的氢氧化钠溶液里浸 15min，最后用清水冲洗，晾 18h，播种；40% 甲醛溶液（福尔马林）的使用方法是，先用其 100 倍水溶液浸种子 15～20min，然后捞出种子，密闭熏蒸 2～3h，最后用清水冲洗干净。此外，对于番茄花叶病毒，可用 10% 磷酸三钠或 2% 氢氧化钠的水溶液，浸种 15min 后捞出洗净，此法有钝化该病毒效果（表 2－8）。

表 2－8　无公害蔬菜、绿色食品蔬菜浸种药剂的品种及用量

蔬　菜	药　剂	药液浓度或倍数	处理时间（min）	防治对象
黄　瓜	40% 的甲醛	150 倍液	10～15	炭疽病、角斑病、枯萎病

（续表）

蔬　菜	药　剂	药液浓度或倍数	处理时间（min）	防治对象
番　茄	多菌灵盐酸	1 000 倍液	60	枯萎病
	磷酸三钠	10%	20	病毒病
青　椒	磷酸三钠	10%	20	病毒病
	链霉素	1 000 倍液	30	疮痂病
茄　子	40% 甲醛	300 倍液	15	褐纹病
洋　葱	40% 甲醛	300 倍液	10	灰霉病
白　菜	40% 甲醛	300 倍液	10	黑霉病

3. 培育壮苗

安全蔬菜生产提倡使用育苗钵育苗，育苗基质应使用无病大田的新土或自行配置的育苗基质。育苗时可以结合使用遮阳网、防虫网进行遮阳、防虫。培育壮苗的主要技术包括苗床消毒、嫁接和基质添加物等。

（1）苗床消毒

为使用无毒的苗床基质育苗，可以在播种前进行苗床消毒：播种前 3～5d，苗床喷施 50 倍竹醋液，覆盖地膜密闭；硫黄粉（0.5kg/m^2）与育苗土（基质）混合后覆盖地膜密闭。在无公害蔬菜与绿色食品蔬菜生产中，也可以利用允许使用的土壤消毒药剂行进苗床消毒。

（2）嫁接

嫁接技术广泛应用于设施黄瓜、茄子等蔬菜的生产，对于防治根结线虫、枯萎病、黄萎病等毁灭性土传病害具有明显的防治效果。优质砧木应与接穗有较高的嫁接亲和力和良好的共生亲和力，并更耐病虫、耐寒、耐热、耐湿和具有较强的吸水吸肥能力。就茄子生产而言，目前常用的砧木有原产于美洲波多黎各地区的托鲁巴姆，该砧木的主要特点是同时对黄萎病、枯萎病、青枯病、线虫病4种土传病害达到高抗或免疫程度，且植株生长势极强。另外，赤茄、刚果茄、水茄、超托鲁巴姆、托斯加等也是抗病效果较好的砧木。嫁接适宜期主要取决于砧木的生长状况：过早嫁接，砧木细弱、节间短，操作困难；过晚嫁接，砧木木质化程度高，不易成活，茄子砧木茎粗在0.4～0.5cm时为嫁接适宜期。嫁接方法以劈接、靠接较为常用。

（3）基质添加物

在育苗基质中添加某些物质，可以起到抑制病害发生的作用。将牛粪、食用菌下脚料、草炭、蛭石按2∶2∶3∶3的体积比配制成育苗基质，对番茄、黄瓜苗期猝倒病具明显的抑制作用。在盆栽条件下，通过人工接种发病，相对于菜园土基质而言，其番茄发病率仅为25.7%，黄瓜发病率仅为34.3%。

蚯蚓粪也具有类似功效。蚯蚓粪是蚯蚓对有机废弃物进行生物降解的产物，不但本身具有放线菌等大量有益微生物，而且能够大大提高土壤中的微生物量和微生物活性，有效改善土壤微生物区系，从而间接地控制了病菌的生长、繁殖。盆栽试验表明，在土壤中加入20%的蚯蚓粪对黄瓜苗期立枯病和枯萎病的防治效果高达96.1%。

有机蔬菜育苗需注意，苗床浇水应以根部为主，避免子叶与嫩叶长时间带有水珠。

4. 健体栽培

均衡、持续的营养补充是蔬菜健康的重要保障。目前，国内生产中盲目、大量使用氮素的现象非常普遍。氮素的过量施用一般会减弱蔬菜的抗病性，并导致蚜虫、叶螨等刺吸类害虫种群数量的增加。氮素过多，会显著增加甘蓝头腐病发生率，影响经济产量。12kg/m^{2}的高肥处理，黄瓜瓜蚜、叶螨平均发生量分别为6kg/m^{2}低肥处理的5.13倍和3.73倍，差异显著。

二、测报技术

测报技术包括监测和预报两个方面。按照一定的抽样方法获得有关作物生长发育状态、有害生物种群发生发展状态的数据，然后按照一定的统计学方法估计必要的作物群体参数、有害生物种群参数和环境状态参数的过程称为监测。利用监测的参数，通过一定的数学方法及计算机模型模拟技术，对有害生物种群的未来发展和作物产量、构成因素的未来变化做出定量分析和预测的过程称为预报。监测的目的在于预报；预报的目的是为植保管理的决策提供依据。监测是预报的基础，预报是防治的前提，最终目的是以最小的投入和代价将有害生物控制在经济为害水平以下。

（一）蔬菜病害的测报

蔬菜病害的预测就是预先了解某种病害发生的可能性与轻重程度，从而决定防治对策。病害预测分为短期预测和长期预测。短期预测是推测病害流行季节的变化情况；长期预测是推测病害逐年变化的趋势。

各种病害的预测方法各异，但预测的主要依据为：病原菌的生物学特征、侵染过程及侵染循环的特点、病害流行前寄主的感病状况及病原菌的数量、病害发生与环境的关系、当地的气象预报等因素。

（二）蔬菜虫害的测报

蔬菜害虫的监测方法包括利用害虫的趋性诱集调查和直接取样调查。

害虫的趋性有趋化性（信息素、食物）及趋光性。常用方法有性诱剂监测法、糖醋液诱集监测法和黑光灯诱集监测法等。监测的数据可以通过数理统计、相关分析、聚类分析和时间序列分析等方法进行处理，分析虫害的发生情况，制定相应的措施。

三、治疗技术

有机蔬菜的病虫害防治是以生物防治为核心，农业防治为基础，药剂防治为应急手段的病虫害综合治理体系。有机蔬菜生产中病虫害的治疗必须严格按照 GB/T 19630—2011《有机产品》的要求，主要技术措施包括如下内容。

（一）田园清洁技术

蔬菜残株不仅是许多病虫害越冬及躲避不良条件的场所，甚至是有些害虫（如小菜蛾）的食物来源。因此每茬蔬菜收获后，进行彻底清园，清除所有残株、落叶，在菜田之外集中销毁，对于恶化病虫害的生活环境，压低种群数量具有十分重要的意义。

此外，如瓜类、萝卜和白菜等蔬菜间苗时，间下的菜苗通常带有大量的菜螟、菜粉蝶、黄守瓜及蚜虫等多种害虫，应该及时带出菜田集中处理，避免出现间苗后虫口密度迅速上升的现象。

（二）害虫诱杀技术

昆虫在进化过程中对自然界形成了很好的适应性：由于取食、交尾等生命活动的需求，昆虫能够对环境条件的刺激产生本能的反应。害虫对某些刺激源（如光波、气味等）的定向（趋向或躲避）运动，称之为趋性。按照刺激源的性质又可分为趋光性、趋化性等。利用害虫的各种趋性对其进行诱集消灭，是有机蔬菜生产中的重要手段之一。

1. 灯光诱杀

害虫易感受可见光的短波部分，对紫外光中的一部分尤其敏感。灯光诱杀的原理就是利用害虫的感光性能，设计制造出各种能发出害虫喜好光波长的灯具，配置一定的捕杀装置而达到消灭害虫的目的。

（1）常见的诱集灯

①黑光灯：能够发出多数害虫较敏感的 360nm 光波，诱虫

效果良好。

②高压汞灯：200W 或 450W 的高压汞灯，波长为 320 ~ 580nm，置于开阔地，对斜纹夜蛾、金龟子、蝼蛄、小地老虎等害虫有强烈的诱集作用。

（2）与诱集灯配合的捕杀装置

①水盆式捕杀器：紧靠灯架下置一大口径盛水容器（大铁锅、水缸、木盆等）加洗衣粉或少量废机油、废柴油，害虫碰撞挡虫板后即掉入水中溺死。

②高压电网捕杀器：这是配合黑光灯使用的一种高效杀虫器。一般采用一定强度的金属导线在灯管两侧作平面栅状排列，通过变压器等元件，可产生几千至上万伏的电压。害虫扑灯触网后即被高压电弧击杀、烧毁，杀虫效率极高。

2. 色板诱杀

许多害虫对颜色有不同的趋性，利用不同波长的色光制成诱捕器，可以有效防治多种害虫。

黄板：蚜虫、白粉虱、斑潜蝇等害虫具有趋黄性，其中粉虱、瓜实蝇对 550 ~ 600nm 的鲜黄色敏感；480 ~ 540nm 的橙黄色光对美洲斑潜蝇和南美斑潜蝇有极强的吸引力。

蓝板：蓟马等缨翅目害虫对蓝光较为敏感，可以利用蓝板进行诱杀。高秆蔬菜如黄瓜、苦瓜等，可在蔬菜行间每 3 ~ 5m 悬挂蓝板；矮生蔬菜如番茄、茄子、西葫芦等可在田间按相同密度插蓝板诱杀。蓝板高度以蔬菜中部偏上位置为宜。花蝇科害虫（根蛆）也可以用蓝板或浅绿色板诱杀。

另外，小菜蛾成虫对绿色趋性最强；银色塑料薄膜作为地膜覆盖，对有翅蚜虫、潜叶蝇、黄条跳甲等均有很好的驱避效果，见表 2 - 9。

表 2－9　黄板对蔬菜害虫的诱集作用　（单位：头/板）

处　理	美洲斑潜蝇	番茄斑潜蝇	菜　蚜	黄曲条跳甲	小菜蛾	寄生蜂	隐翅虫
黄板加粘蝇纸	380	22	71	1	18	7	52
白板加粘蝇纸	112	9	12	1	22	12	113

3. 趋化性诱杀

许多害虫的成虫由于取食、交尾、产卵等原因，对一些植物的挥发性化学物质的刺激有着强烈的感受能力，表现出正趋性反应。

杨树、柳树、榆树等含有某种特殊的化学物质，对很多害虫有很好诱集能力；桐树叶可诱杀地老虎；蓖麻和紫穗槐可诱杀金龟子；芥子油的气味诱集菜粉蝶成虫；芥菜诱集小菜蛾。

4. 性诱剂诱杀

利用人工合成的害虫雌性外激素诱捕雄虫，具有高效、专一、无污染、不产生抗药性等特点。性诱剂诱杀主要包括大量诱捕法和交配干扰法。

①大量诱捕法：在蔬菜田中设置大量的信息素诱捕器诱杀雄虫，导致田间雌雄比例严重失调，减少交配几率，使下一代虫口密度大幅度降低。该法适用于雌雄性比接近于 1∶1、雄虫为单次交尾的害虫以及虫口密度较低的情况。

②交配干扰法：干扰雌雄间交配的基本原理是在充满性信息素的环境中，雄虫丧失了寻找雌虫的定向能力，致使田间雌雄虫交配几率减少，从而使下一代虫口密度急骤下降。

性诱剂诱杀法目前广泛应用于小菜蛾的防治，效果明显。

（三）防虫网覆盖技术

防虫网覆盖技术是有机蔬菜生产中重要的植保措施之一。在蔬菜的育苗期或其他生长季节覆盖防虫网，可以起到隔离害虫、遮阳防风等作用，在夏秋高温多雨，病虫害发生严重的季节，效果更加明显。

防虫网的使用方式一般分为棚架式覆盖与浮面式覆盖两种。棚架式覆盖是指将防虫网覆盖在事先搭好的棚架上（包括防虫网室、大棚等），地表用砖、土压严，四周用压膜线固定，留有进出门。棚架式覆盖空间较大，便于人工、机械操作，另外，可在网棚内释放赤眼蜂、捕食螨、瓢虫、草蛉等天敌，有利于生物防治。

浮面式覆盖是指蔬菜播种后，立即将防虫网全面覆盖在畦面上，四周用土压严密封。浮面式覆盖目前应用较为普遍，尤其在夏秋高温、多雨季节，不仅可以防虫，而且能够起到遮光、保湿、防暴雨冲刷等作用。

防虫网通常是以添加了防老化、抗紫外线等化学助剂的优质聚乙烯原料经拉丝织造而成的纱网，但须注意，有机农业生产中禁止使用聚氯乙烯类产品，因此，广大生产者在选择防虫网、遮阳网或地膜等农资时应格外注意。

应根据不同作物及生长季节选择防虫网的幅宽、孔径、丝径、颜色等指标。但首先注意的是孔径。孔径目数小，防虫网网眼大，通风、透光良好，但虫害进入的可能性大，防虫效果一般；孔径目数大，效果相反。因此，夏季高温季节可适当选择孔径目数小一些（20～26 目为宜）的防虫网。另外，银灰色防虫网对蚜虫的驱避效果最好。

由于防虫网为全生育期使用（尤其是浮面式覆盖），因此在使用中一定要注意如下问题。

（1）品种选择

覆盖防虫网后，网内蔬菜的根际温度会明显提高，一般地面日平均温度较露地高 3～5℃，地温过高易会导致种子出芽率降低，因此需要适当选择耐热品种。另外，播前地块浇足底水，种子覆土略深，也能起到一定的缓解作用。

（2）土壤处理

覆盖防虫网前，需要利用清洁田园、深翻晒垡，生石灰消毒、硫黄熏蒸等措施进行土壤处理，杀灭土壤中的有害生物。

（3）施足水肥

覆盖防虫网后，不易进行农事操作，因此，应在覆盖前根据不同蔬菜品种的需肥特性，一次施足肥料与水分，对于生长期较短的叶菜类蔬菜尤其重要。

（4）降温控湿

覆盖防虫网后，网内水分蒸发量小，且空气流通性差，湿度较高，因此，比露地更易发生病害。应注意因地制宜采取相应措施，如采用深沟高畦种植，建设良好的排水系统等，另外合理稀植（种植密度比露地降低5%～10%）也能起到很好的效果。

夏秋季节气温特别高时，可适当增加浇水次数，以湿降温。

（5）科学管理

浮面式覆盖时，防虫网不能紧贴菜叶，应以手提能够有1m左右高度为宜，防止网外害虫刺吸、产卵；随时检查防虫网破损情况，及时堵住漏洞和缝隙，防虫网四周要用土压严实，防止害虫潜入产卵；如遇5～6级大风，需拉上压网线防风；田间使用结束后，应及时将防虫网收回保管，即可以延长使用寿命，又不污染菜田环境。

（四）天敌促进与释放技术

1. 天敌的种类

天敌是一类重要的害虫控制因子，在农业生态系中居于次级消费者的地位。一般来说，天敌分为寄生性和捕食性两大类，主要包括昆虫纲的膜翅目、双翅目、鞘翅目、脉翅目及半翅目等类群和蛛形纲的蜘蛛及捕食螨。菜田生态系统中天敌的种类十分丰富，常见种类有捕食性的七星瓢虫（*Coccinella septempunctata*）、异色瓢虫（*Leis axyridis*）、大眼长蝽（*Geocoris sp.*）、大草蛉（*Chrysopa Septempunctata* Wesmaei）、智利小植绥螨（*Phytoseiulus persimilis*）、寄生性的广赤眼蜂（*Trichogramma evanescens*）、玉米螟赤眼蜂（*Trichogramma ostriniae*）、菜粉蝶绒茧蜂（*Apanteles glomeratus*）、小菜蛾啮小蜂（*Ommyzus sokolowsakii*）、丽蚜小蜂（*Encarsia formosa*）及蝶蛹金小蜂（*Pteromulus puparum*）等。

2. 天敌的保护

（1）创造良好生态环境

通过间作和有目的地种植各种菜田边界植物，能够使菜田生态系统的植被多样化，并为天敌提供适宜的环境条件以及丰富的食物和种内、种间的化学信息联系。良好的生态环境，也有利于减轻喷洒药剂等农事活动对天敌产生的不良影响，这一点对于收获频繁，稳定性较差的菜田生态系统而言尤为重要。天敌在这样的生活条件下，自身的种群能够得到最大限度的增长和繁衍。

许多天敌需补充营养，在缺少捕食对象时，花粉和花蜜是过渡性食物。另外，有些捕食性天敌在产卵前除了捕食一些猎物外，还要取食花粉、蜜露等物质后方能产卵。因此，在田边适当种一些蜜源植物，能够诱引天敌，提高其寄生能力。如伞形科的荷兰芹等蜜源植物能招引大量土蜂前来取食，并寄生于当地的蛴螬；唇型科的夏至草可以为小花蝽提供花粉、花蜜。

（2）天敌的诱集

在自然界中，害虫的发生是从局部开始的，有时需要在其发生的初期，将分散的天敌集中起来消灭害虫，这就需要更具吸引力的物质或手段，主动或被动的迁移天敌。喷洒人工合成的蜜露可以主动诱集天敌，经过多年的研究，已经证明了很多植食性害虫的天敌，是通过植食性害虫寄主植物的某些理化特性，如植物外观，挥发性物质对它们的感觉刺激来寻找寄主的，如草蛉可被棉株所散发的丁子香烯所吸引；花蝽可被玉米穗丝所散发的气味所引诱而找到玉米螟和蚜虫，另外植物的化学物质可帮助捕食性天敌寻找猎物，如色氨酸对普通草蛉有引诱作用，龟纹瓢虫对豆蚜的水和乙醇提取物也有明显的趋向。这些植物、动物间的化学信息流，对自然界天敌的诱集作用十分明显。

（3）人工协助越冬

由于环境、气候及食物等原因，天敌越冬期间死亡率极高，导致早春数量稀少，很难发挥控制害虫的作用。

中华草蛉是蚜虫、螨类以及鳞翅目等害虫的重要天敌，以成虫越冬。其幼虫捕食害虫，而成虫则需要依赖昆虫分泌的蜜露和植物的花蜜生活。在中国北方地区，中华草蛉在夏秋季节发生量较大，但由于越冬前蜜源植物不足而大量死亡，因此，其控制害虫的作用一般需到翌年 6 月下旬才能明显体现。研究表明，中华草蛉越冬期间的死亡率与冬前取食时间的长短及取食量密切相关。人工采集越冬前的草蛉，饲喂以研磨粉碎的啤酒酵母干料与食糖的混合物（5∶4）和清水，在无加温设备的室内即可大量越冬。

龟纹瓢虫、异色瓢虫和七星瓢虫等喜欢在背风、向阳的石缝中群集越冬。可以人为保护或创造类似的环境，招引其越冬；也可以在野外寻找瓢虫的越冬地点，人工采集，放入罐头瓶等容器中（33 厘米见方的小木盒可装瓢虫 2 万 ~3 万头），保持 0℃左右，相对湿度 70% ~80% 即可安全越冬。另外，在百叶箱内南面的一方放置一些纸筒，即可以招引瓢虫前来越冬，也不影响气象观察。还可以专门制作瓢虫招引箱，保护瓢虫安全越冬：招引箱以白色为佳，或在向阳面嵌一块玻璃，可以更好地诱集瓢虫。

3. 人工繁殖

（1）赤眼蜂繁殖

赤眼蜂是一类微小的卵寄生蜂，具有资源丰富、分布广泛和对害虫控制作用显著等特点。赤眼蜂属于多选择性寄生天敌，寄主范围广泛，可以寄生鳞翅目、鞘翅目、膜翅目、同翅目、双翅目、半翅目、直翅目、广翅目、革翅目等10个目近50个科200多属400多种害虫的虫卵，是鳞翅目害虫的主要天敌。近20年来，赤眼蜂已成为世界上应用范围最广、应用面积最大、防治害虫对象最多的一类天敌。

通过改进繁蜂技术，以最少的寄主卵和种蜂量的投入，繁殖获得最多的适应性强、性比合理的优质赤眼蜂种群，可以达到提高繁蜂效率和田间防治效果的目的。

培育优质蜂种是生产大量优质赤眼蜂的基础。以柞蚕卵作为寄主卵，大量繁殖松毛虫赤眼蜂和螟黄赤眼蜂，关键在于采用发育整齐和生活力强的优质蜂种来繁殖生产用蜂。

赤眼蜂的繁殖方式包括卡繁和散卵繁两类。20世纪70年代多采用大房繁蜂和橱式卡繁方式繁蜂，现已研制成封闭式多层繁蜂柜和滚式繁蜂机。

(2) 瓢虫和草蛉繁殖

目前，大量繁殖的主要技术问题是饲料生产：自然活体饲料如蚜虫、米蛾因成本高，供应不及时，不能适应工厂化生产的要求。利用雄蜂儿（即蜜蜂的雄蜂幼虫和蛹）及赤眼蜂人工卵、赤眼蜂蛹等代饲料将为捕食性天敌的工厂化生产带来新的希望。

(3) 丽蚜小蜂繁殖

人工繁殖丽蚜小蜂通常采用五室繁蜂法：该法分为清洁苗培育、粉虱接种、蛹发育、丽蚜小蜂接种和粉虱、小蜂分离几个环节。首先是培育清洁无病虫的番茄或烟草苗，待其长到7~8片真叶时，接种温室白粉虱。当粉虱若虫发育到2~3龄时，接种丽蚜小蜂。被寄生的粉虱蛹呈黑色，采收黑蛹叶片，并在室内阴干1~2d，即可包装、贮藏或应用。注意根据生产需要分批培养，逐次使用。暂时不用的蛹卡，可在低温中贮存，在（12±

1)℃的低温箱内贮存20d，其羽化率为71.6%～75.8%，经贮存的蛹卡在常温下2～3d即开始羽化。

4. 天敌的释放

天敌的增强释放，是在害虫生活史中的关键时期，有计划地释放适相当数量人工饲养的天敌，发挥其自然控制作用，从而限制害虫种群的发展。

赤眼蜂的田间增强释放是一项科学性很强的应用技术，必须根据害虫和赤眼蜂的发育生物学和田间生态学原理结合赤眼蜂在田间的扩散、分布规律、田间种群动态及害虫的发生规律等情况，确定赤眼蜂的释放时间、释放次数、释放点和释放量。做到适期放蜂，按时羽化出蜂，使释放后的赤眼蜂和害虫卵期相遇概率达90%以上，才能获得理想的防治效果。

赤眼蜂释放原则如下。

①放蜂期与害虫发生期相一致，即蜂、卵相遇。

②放蜂量适用于害虫的发生数量，在释放前正确估算每批赤眼蜂的母蜂数量，预计实际的释放量。

③调查自然界当时的赤眼蜂种群数量。

④在正确掌握赤眼蜂飞翔扩散能力的基础上，综合上述情况制订出田间释放赤眼蜂的有效方案。

释放赤眼蜂应在害虫卵始期开始，放蜂时需注意天气变化，一般选择晴天上午8～9时为宜。害虫世代重叠、产卵期长、虫口密度高时，放蜂次数要密，放蜂量要大。赤眼蜂的有效活动半径为17m，10m内寄生效率较高。

常见放蜂方法分成蜂释放和挂放寄生蜂卡。前者掌握在50%成虫羽化时放入田间；后者掌握在成虫刚好羽化阶段，控制第一天挂卡，第二天出蜂。大田放蜂一般每667m^2设置15个放蜂点，放蜂量掌握在0.5万头左右，隔日放蜂1次，连续5～6次。

（五）药剂防治技术

相对于农业防治、物理防治、生物防治等诸多措施而言，药剂防治更加快速、高效，因而在安全蔬菜生产中具有十分重要的地位。通常而言，药剂分为植物源药剂、矿物源药剂、生物源药剂药剂化学合成药剂。植物源药剂、矿物源药剂以及生物源药剂在无公害蔬菜、绿色食品蔬菜和有机蔬菜的病虫害防控中均可以有条件使用；而化学合成药剂在无公害蔬菜、绿色食品蔬菜和有机蔬菜的生产中各有不同的要求。

1. 无生公害蔬菜产农药使用技术

（1）无生公害蔬菜产农药使用的总要求

无公害蔬菜生产中所有使用的农药均必须经过农业部药检定所登记。严禁使用未取得登记和没有生产许可证的农药，以及无厂名、无药名、无说明的伪劣农药。

禁止在蔬菜上使用甲胺磷、水胺硫磷、杀虫脒、呋喃丹、氧化乐果、甲基 1605、1059、苏化 203、3911、久效磷、磷胺、磷化锌、磷化铝、氯化物、氟乙酰胺、砒霜、溃疡净、氯化苦、五氯酚、二溴丙烷、401、氯丹、毒杀酚和一切汞制剂农药以及其他高毒、高残留的农药。

尽可能选用无毒、无残留或低毒、低残留的农药。具体来说，有以下 4 条原则。

①选择生物农药或生化制剂农药，如 Bt、白僵菌、天力Ⅱ号（0. 12% 灭虫丁可湿性粉剂）、菜丰灵（主要成分为枯草芽孢杆菌）等。

②选择特异昆虫生长调节剂农药，如定虫隆（抑太保）、氨虫脲（卡死克）、除虫脲、灭幼脲、氟苯脲（农梦特）等。

③选择高效、低毒、低残留的农药，如敌百虫、辛硫磷、甲基托布津、甲霜灵等。

④在灾害性病虫害会造成毁灭性损失时，才选择药效为中等

毒性、低残留的农药，如：敌敌畏、乐果、氰戊菊酯（速灭杀丁）、联苯菊酯（天王星）、敌克松等。

（2）适用于无公害蔬菜生产的化学合成农药类别

①昆虫生长调节剂（IGR）：可通过阻碍害虫蜕皮、干扰发育起到控制作用，对人及高等动物无害，对天敌影响小，对环境安全，如氟虫脲（卡死克）、定虫隆（抑太保）、除虫脲、吡虫啉（扑虱灵）、灭蝇胺、虫酰肼（米满）等。

②高效、速效、低残留药剂：如拟除虫菊酯类，特别是一些新品种，如四溴菊酯在北方防治蔬菜害虫稀释浓度可达8 000～10 000倍液，而且残留低，安全间隔期短。

③结构式、作用机理独特的新型杀虫剂：它们对抗性害虫高效，受到菜农欢迎，如氯吡啶类（氯烟酰类）杀虫剂吡虫啉已广泛应用；含硫杂环噻唑烟碱类杀虫剂阿克泰是一种强内吸低毒高效杀虫剂，防治粉虱具特效，稀释浓度可达15 000倍液。

④新型抗生素类制剂：如多杀霉素（多杀菌素），对抗性蔬菜害虫具高效速效性，而对人和高等动物又非常安全，并且安全间隔期短，十分适用于菜田。

⑤高效速效的强选择性药剂：如氨基甲酸酯类的抗蚜威只对蚜虫表现出高效（具有触杀、胃毒、熏蒸三重作用），而对其他生物无伤害，并且残效期短，对作物和天敌安全，是生产无公害蔬菜、维护菜田生态平衡的理想药剂。

（3）农药安全使用的准则

喷洒过农药的蔬菜，一定要过安全间隔才能上市。各种农药的安全间隔期不同。一般笼统地说，喷洒过化学农药的菜，夏天要过7d、冬天要过10d，才可以上市。农药使用要按照农药瓶上的说明书的规定，掌握好农药使用的范围、防治对象、用药量、用药次数等事项，不得盲目私自提高使用浓度。喷洒农药要遵守农药安全规程。在配药、喷药过程中，必须注意以下几点。

①配药时，配药人员要戴胶皮手套，必须用量具有按照规定的剂量称取药液或药粉，不得任意增加用量。严禁用手拌药，拌种要用工具搅拌，用多少，拌多少。拌过药的种子应尽量用机具播种。如果手撒或点种时，必须戴防护手套，以防皮肤吸收农药中毒。剩余的毒种应销毁，不准用作口粮或饲料。配药和拌种时应造反远离饮用水源、居民点的安全地方，要有专人看管，严防农药、毒种丢失或人、畜、禽误食中毒。

②使用手动喷雾喷药时应隔行喷。手动和机动药械均不能左右两边同时喷。大风和中午高温是时应停止喷药。药桶内药液不能装得过满，以免晃出桶外，污染施药人员的身体。

③喷药前应仔细检查药械的天关、接头、喷头等处螺丝是否拧紧，药桶有无渗漏，以免漏药污染。喷头过程中如发生堵塞，应先用清水冲洗后再排除故障。绝对禁止用嘴吹吸喷头和滤网。施用过农药的地方要竖立标志，在一定时间内禁止放牧、割草、挖野菜，以防人、畜中毒。

④施用工作结束后，要及时将喷雾器清洗干净，连同剩余药剂一起交回仓库。清洗药械的污水应选择安全地点妥善处理，不准随地泼洒，防止污染饮用水源和养鱼池塘。盛过农药的包装空箱、瓶、袋等要集中处理。浸种用过的水缸要洗净集中保管。施药人员也要注意个人防护：穿长袖上衣、长裤和鞋袜。在操作时禁止吸烟、喝水、吃东西，不能用手擦嘴、脸、眼睛，绝对不准互相喷射嬉闹。每日工作后喝水、抽烟、吃东西之前要用肥皂彻底洗手、脸、并漱口，有条件的应洗澡。被农药污染的工作服要及时换洗。施药人员每天喷药时间一般不得超过 6h。使用背负式机动药械，要两人轮换操作，连续施药 3 ~ 5d 后应停休 1d。患皮肤病及其他疾病尚未恢复健康者，以及哺乳期、孕期、经期的妇女暂停喷药。操作人员如有头痛、头昏、恶心、呕吐等症状时，应立即离开施药现场，脱去被污染的衣服，漱口，擦洗手、

脸和皮肤等暴露部位，及时送医院治疗。

（4）农药正确使用的方法

①熟悉病虫种类，了解农药性质，对症下药：蔬菜病虫等有害生物种类虽然多，但如果掌握它们的基本知识，正确辨别和区分有害生物的种类，根据不同对象选择适用的农药品种，就可以收到好的防治效果。蔬菜病害可分侵染病害和非侵染性病害，非侵染性病害不会传染，是由栽培技术不当引起的（如缺素、水渍根等），只要找出原因并排除，病就好了。侵染性病害分为病毒性病害、细菌性病害、真菌性病害、线虫性病害等四大类。其中以真菌性病害为最多，约占80%。这四大类病害的用药不同，搞错了药就无效。蔬菜害虫可分为昆虫类、螨类（蜘蛛类）、软体动物类三大类型。昆虫类中依其口器不同，分成刺吸式口器害虫和咀嚼式口器害虫，必须根据不同的害虫采用不同的杀虫剂来防治。只有选择对路的农药，才能奏效。

②正确掌握用药量：各种农药对防治对象的用药量都是经过试验后确定的。因此，在生产中使用时不能随意增减。提高用量不但造成农药浪费，而且也造成农药残留量增加，易对蔬菜产生药害，导致病虫产生抗性，污染环境；用药量不足时，则不能收到预期防治效果，达不到防治目的。为做到用药量准确，配药时需要使用称量器具，如量杯、量筒、天平、小秤等。一般的农药使用说明书上都明确标有该种农药使用的倍数或用药量，田间应遵循此规定。一般建议使用的用量有一个幅度范围，在实际应用中，要按下限用量。现在推行的有效低用量即有效低浓度，用这个药量就可以达到防治病虫害目的。

③交替轮换用药：正确复配，以延缓抗性生成。同时，混配农药还有增效作用，兼治其他病虫，省工省药。蔬菜上哪些农药在水中的酸碱度不同，可将其分成酸性、中性和碱性3类。在混合使用时，要注意同类性质的农药相混配，中性与酸性的也能混

合，但是在碱性条件下易分解的有机磷杀虫剂以及西维因、代森铵等都不能和石硫合剂、波尔多液混用。农药混用还要注意混用后对作物是否产生药害，一般与无机农药（如石硫合剂、波尔多液等）混用后可增强农药的水溶性或产生水溶性金属化合物，这种情况下植株易受药害。为了延长一个农药品种使用的“寿命”，防止单一用药产生抗药性，有的农药在出厂时就已经是复配剂。如58%瑞毒锰锌是由48%的代森锰锌和10%的瑞毒霉（甲霜灵）混合而成。农药并不能随意配合，有些农药混合没有丝毫价值，有的农药混合在一起可以增加毒性，因此农药混用必须慎重。

④选择适于不同蔬菜生态环境下的农药剂型：例如喷粉法工效比喷雾法高，不易受水源限制，但是必须当风力小于1m/s时才可应用；同时喷粉不耐雨水冲洗，一般喷粉后24h内降雨则须补喷。塑料大棚内一般湿度都大，可选用烟雾剂型的杀虫、杀菌剂。

⑤使用合适的施药器具，保证施药质量：用喷雾器或喷粉器将农药均匀地覆盖在目标上（蔬菜的病虫、杂草），通过触杀、胃毒或熏蒸等作用，收到防治效果。农药覆盖程度越高，效果越好。以喷雾法而言，雾滴越小，覆盖面越大，雾滴分布越均匀。雾滴一般以每平方厘米上有20个雾滴为好。目前，生产上推出的小孔径喷片（孔径0.7~1mm）和喷雾器比较适用。施药要求均匀周到，叶子正反面均要着药，尤其在防治蚜虫、红蜘蛛时多喷叶背，不能丢行、漏株。

⑥加强病虫测报，经常查病查虫，选择有利时机进行防治：各种害虫的习性和为害期各有不同，其防治的适期也不完全一致。例如，防治一些鳞翅目幼虫（如甘蓝夜蛾幼虫、斜纹夜蛾幼虫、甜菜夜蛾幼虫等），一般应在3龄前（即大部分幼虫进入2~3龄时）防治，此时虫体小、为害轻、抗药力弱，用较少的药剂就可发挥较高的防治效果；而害虫长大以后，不仅为害加

重，抗药性增强，用药量必然增加。如果用药过早，由于药剂的残效期有限，有可能先孵化的害虫已被杀死，而后孵化的害虫依然为害，而不得不进行第二次防治。因此欲达到适时用药，既要有准确的虫情测报，又要抓时间、抢速度，力求在适宜的时间内进行施药，控制其为害。

2. 绿色食品蔬菜生产农药使用技术

绿色食品蔬菜生产中药剂使用必须遵循 NY/T 393—2000《绿色食品农药使用准则》的规定。其中，AA 级绿色食品蔬菜药剂使用要求等同于有机蔬菜要求，A 级绿色食品蔬菜生产，对于化学成药剂使用具体要求如下。

①允许有限度地使用部分有机合成农药，应按 GB 4285—1989《农药安全使用标准》、GB 8321. 1—1987《农药合理使用准则（一）》、GB 8321. 2—1987《农药合理使用准则（二）》、GB 8321. 3—1989《农药合理使用准则（三）》、GB 8321. 4—1993《农药合理使用准则（四）》、GB 8321. 5—1997《农药合理使用准则（五）》、GB 8321. 6—1999《农药合理使用准则（六）》的要求执行。

②应选用上述标准中列出的低毒农药和中等毒性农药；严禁使用剧毒、高毒、高残留或具有三致毒性（致癌、致畸、致突变）的农药，参见表 2 - 10；每种有机合成农药（含 A 级绿色食品生产资料农药类的有机合成产品）在一种作物的生长周期内只允许使用 1 次。

③严格按照 GB 4285—1989《农药安全使用标准》、GB 8321. 1—1987《农药合理使用准则（一）》、GB 8321. 2—1987《农药合理使用准则（二）》、GB 8321. 3—1989《农药合理使用准则（三）》、GB 8321. 4—1993《农药合理使用准则（四）》、GB 8321. 5—1997《农药合理使用准则（五）》、GB 8321. 6—1999《农药合理使用准则（六）》的要求控制施药量与安全间隔期。

④有机合成农药在农产品中的最终残留应符合 GB 4285—1989《农药安全使用标准》、GB 8321. 1—1987《农药合理使用准则（一）》、GB 8321. 2—1987《农药合理使用准则（二）》、GB 8321. 3—1989《农药合理使用准则（三）》、GB 8321. 4—1993《农药合理使用准则（四）》、GB 8321. 5—1997《农药合理使用准则（五）》、GB 8321. 6—1999《农药合理使用准则（六）》的最高残留限量（MRL）要求。

⑤严禁使用高毒高残留农药防治贮藏期病虫害。

⑥严禁使用基因工程品种（产品）及制剂。

表 2－10　生产 A 级绿色食品禁止使用的农药

种　类	农药名称	禁用原因
有机氯杀虫剂	滴滴涕、六六六、林丹、甲氧高残毒、DDT、硫丹	高残毒
有机氯杀螨剂	三氯杀螨醇	工业品中含有一定数量的滴滴涕
有机磷杀虫剂	甲拌磷、乙拌磷、久效磷、对硫磷、甲基对硫磷、甲胺磷、甲基异柳磷、治螟磷、氧化乐果、磷胺、地虫硫磷、灭克磷（益收宝）、水胺硫磷、氯唑磷、硫线磷、杀扑磷、特丁硫磷、克线丹、苯线磷、甲基硫环磷	剧毒高毒
氨基甲酸酯杀虫剂	涕灭威、克百威、灭多威、丁硫克百威、丙硫克百感	高毒、剧毒或代谢物高毒
二甲基甲脒类杀虫杀螨剂	杀虫脒	慢性毒性、致癌
卤代烷类熏蒸杀虫剂	二溴乙烷、环氧乙烷、二溴氯丙烷、溴甲烷	致癌、致畸、高毒
抗生素类杀螨剂	阿维菌素	高毒
有机硫类杀螨剂	克螨特	慢性毒性
有机砷杀菌剂	甲基胂酸锌（稻脚青）、甲基胂酸钙（稻宁）、甲基胂酸铵（田安）、美甲胂、福美胂	高残毒

（续表）

种　类	农药名称	禁用原因
有机锡杀菌剂	三苯基醋酸锡（薯瘟锡）、三苯基氯化锡、三苯基羟基锡（毒菌锡）	高残留、慢性毒性
有机汞杀菌剂	氯化乙基汞（西力生）、醋酸苯（赛力散）	剧毒、高残毒
取代苯类杀菌剂	五氯硝基苯、稻瘟醇（五氯苯甲醇）	致癌、高残留
2,4-D 类化合物	除草剂或植物生长调节剂	杂质致癌
二苯醚类除草剂	除草醚、草枯醚	慢性毒性
植物生长调节剂	有机合成的植物生长调节剂	
除草剂	各类除草剂	

注：以上所列是目前禁用或限用的农药品种，该名单将随相关新标准的出台而修订

3. 有机蔬菜生产农药使用技术

有机农业对投入品的要求十分严格，有机蔬菜生产中使用的药剂必须符合 GB/T 19630. 1—2011《有机产品　第 1 部分：生产》中附录 B 的要求。按照来源，该附录中所列的物质主要分为植物源、微生物源及矿物源三大类。

（1）植物源药剂

植物源药剂的有效成分通常为多元的天然物质，而不是人工合成的单一化学物质，因此，具有分解迅速、环境友好及不易产生抗性等特点。中国植物源药剂资源十分丰富，在国内近 3 万种高等植物中，已查明约有近千种植物含有杀虫活性物质。20 世纪 80 年代以来，中国对楝科、卫矛科、杜鹃花科、瑞香科、茄科、菊科等杀虫植物开展了广泛的研究，其中代表性种类如下。

苦　参

苦参为豆科小灌木，在中国分布较广。苦参的根、茎、叶都

可以用来杀虫，其有效成分为苦参碱，对红蜘蛛、二斑叶螨、蚜虫、菜青虫、小菜蛾、夜蛾、茶毛虫和粉虱具有良好的防治效果。商品化产品有0.36%及1.0%苦参碱水剂等，800～1 200倍液喷雾，一般安全间隔期5～7d。

除虫菊

除虫菊是菊科宿根性草本植物，江南各地都有种植，以云南种植面积最大。除虫菊干花粉碎后，经过CO_2亚临界或超临界萃取获得天然除虫菊素，对害虫有较强的触杀作用，其作用机理为通过作用于钠离子通道（Na^+），引起神经通道的重复开放，导致大量的钠离子进入细胞内，以达到杀虫效果。目前，商品化产品有5%除虫菊素乳油（溶剂为松节油）和3%除虫菊素微囊悬浮剂，1.5%除虫菊素水乳剂（牙膏用烷基糖苷APG为表面活性剂）。安全间隔期3～5d。通常使用方法为：防治蚜虫、白粉虱、烟粉虱、叶蝉等同翅目害虫，稀释600～1 000倍进行预防喷洒；在虫害发生期，稀释400～800倍喷雾防治；虫害盛发期，使用本品稀释400倍喷雾，间隔3d，连续喷洒3次。防治小菜蛾、菜青虫、烟青虫、食心虫、黏虫、斜纹夜蛾等鳞翅目害虫，在虫害孵化初期使用，稀释400～800倍喷雾；虫龄较大时（3龄以上），使用本品稀释400倍，间隔3d，连续喷洒3次；防治韭蛆、蚊子、潜叶蝇、实蝇等双翅目害虫，害虫幼龄期稀释600～800倍喷施；对于韭蛆为害根茎部害虫，稀释200～400倍灌根或地表喷施，在韭蛆钻柱茎秆前施药。

鱼　藤

鱼藤是一种多年生豆科植物，藤本或直立灌木，原产亚洲热带及亚热带地区，以印度尼西亚各岛、菲律宾群岛、马来半岛、中国的台湾省和海南省最为著名。其杀虫成分是鱼藤酮，对各类蔬菜害虫具极强的触杀效果。作用机理主要是影响昆虫的呼吸作用，主要是与NADH脱氢酶、辅酶Q发生作用使害虫细胞的电子传递链受到抑制，从而降低生物体内的 ATP 水平，最终使害虫得不到能量供应，然后行动迟滞、麻痹而缓慢死亡。目前，商品化主要产品有 5% 鱼藤酮可溶性液剂（成分为 5% 鱼藤酮和 95% 食用酒精）等。通常使用方法为：防治蔬菜螨类（如红蜘蛛）等抗性较强的螨类害虫，稀释 600 倍喷雾，以叶子背面喷施为主，兼顾叶正面，早晚喷施最佳。防治白粉虱、烟粉虱、潜叶蝇、蓟马类害虫，稀释 600 倍喷雾，叶子正反面均要喷到，防治温室、大棚的白粉虱、烟粉虱时，在上午揭开草帘之前，白粉虱活动力低时，为施药最佳时期。防治黄曲条跳甲、大猿叶甲、稻象甲、枣飞象、烟草甲 、粟叶甲、二十八星瓢虫、枸杞负泥虫等鞘翅目害虫，稀释 400 ~ 600 倍喷雾；此类害虫一般性活泼，善跳跃或飞翔，所以，要在清晨和傍晚温度较低、害虫不活跃时施药，尽量喷洒到虫体表面。鱼藤酮类药剂安全间隔期为5 ~ 7d。

楝科植物

楝科植物为落叶乔木，具有杀虫效果的楝科植物包括印楝、苦楝、川楝、南岭楝等，除印楝原产印度，目前已在广东省引种成功外，其余 3 种均广泛分布于中国南北各地，野生和栽种面积较大。楝科植物的根、叶和果实中含有各种楝素（如印楝素、苦楝素、川楝素）、生物碱、山萘、酚等物质，苦楝的果实还含有苦味质。这些物质对害虫有忌避、拒食、抑制生长及触杀与胃毒作用，可以防治飞虱、菜青虫、蚜虫等多种害虫以及白粉病等病害。楝科植物是解决全球化学农药污染最有希望的一类有毒植物。

目前，商品化制剂为 70% 印楝油，由印楝的种子和树皮经低温冷压榨而成，对蔬菜黑斑病、白粉病、霜霉病、炭疽病、锈病、叶斑病、灰霉病、疥癣、斑点病、叶枯病等有明显防效，对蚜虫、螨虫、锈螨、软疥、粉疥、红蜘蛛具有辅助防效；一般稀释 100 ~ 200 倍使用，安全间隔期为 7 ~ 10d。

蛇床子素

蛇床子，别名野胡萝卜子，为伞形科植物蛇床的干燥成熟果实。主要成分有蛇床子素、异茴芹素等，性温，味辛、苦，有祛风、杀虫的作用。目前，商品化产品为1%蛇床子素微乳剂，其主要成分为1%蛇床子素、25%食用酒精和74%水。该制剂主治对象为瓜类、小白菜、莴笋、番茄与草莓等白粉病；发病初期喷施800倍液，如发病较重则喷施500倍液，如病情严重可连续喷洒2~3次，间隔3~5d施药1次，叶片正反面均匀喷雾完全润湿至稍有液滴即可。另外，该制剂针对番茄、茄子、黄瓜、草莓等作物的灰霉病、霜霉病和蚜虫有辅助防效。安全间隔期5~7d。

天然酸

天然酸有很好的杀虫、杀菌效果。除食醋外，天然酸还包括木醋液、竹醋液与稻醋液。它们分别为木材、竹材及其加工剩余物和稻壳热解得到的产品，含有有机酸、酚类、酮类、醛类、醇类及杂环类等近200多种成分，主要有效成份含量见表2-11。其中，竹醋液、稻醋液因原料来源广泛、不破坏森林资源，且可溶性焦油含量较低而更具应用前景。

表2-11　竹醋液成分与其各有效成分的含量分析

化合物名称	含量（%）	化合物名称	含量（%）
甲酸	0.30	1H-吡咯-2羟甲醛	0.12
乙酸	45.42	1-羟基-2-丁酮	0.22
丙酸	2.41	1-羟基-2-丙酮	0.91
正丁酸	0.10	2-羟基-2-环戊烯-1-酮	0.27
2-甲基丙酸	0.15	2,5-已二酮	0.22
丝氨酸	0.45	5-甲基-2-呋喃酮	0.10

（续表）

化合物名称	含量（%）	化合物名称	含量（%）
4－甲基丁酸	0.08	5－甲基二氢－2－呋喃酮	0.28
4－羟基丁酸	2.98	3－甲基－2－戊环烯－1－酮	0.33
2,6－二羟基苯甲酸	0.05	3,5－二甲基四氢呋喃酮	0.12
3－羟基－4－甲氧基苯甲酸	1.62	2－甲基－1－苯基－1－丙酮	0.12
3－甲氧基－4－羟基苯甲酸	0.04	2－羟基－3－乙基－2－环戊烯醇酮	0.53
苯酚	1.68	2,5－二羟基苯丙酮	0.17
2－甲基苯酚	0.86	3－甲基－2－甲氧基－2－环戊烯－1－酮	1.37
2－甲氧基苯酚	4.18	奎宁环－3－醇	0.08
3－甲氧基苯酚	1.07	丁内酯	2.95
4－甲基苯酚	3.01	乙酰丙酸甲酯	0.26
麦芽酚	1.16	吡啶	0.26
2－乙基苯酚	0.43	乙酰基呋喃	0.30
4－乙基苯酚	2.38	3－甲氧基吡啶	0.10
2,4－二甲基苯酚	2.21	1,2,3－三甲氧基苯	0.14
2,3－二甲基苯酚	0.12	6－甲基三聚硅氧烷	1.03
2－甲氧基－4－甲基苯酚	1.44	1,2,3－三甲氧基－5－甲基苯	0.09
2－甲基－4－乙基苯酚	0.67	1,3－双苯	0.32
2,6－二甲氧基苯酚	13.11	1－（2,5－二羟基苯）呋喃	0.18
3－甲氧基－1，2－苯二酚	0.19	7－氧杂二环（2,2,1）庚烷	0.09

（续表）

化合物名称	含量（%）	化合物名称	含量（%）
3,4－二甲氧基苯酚	0.25	2－丙基－噻吩	0.21
2－甲氧基－4－丙基苯酚	0.05	2－甲氧基－3－甲基吡嗪	0.05
2,6－二甲基－4－烯丙基苯酚	0.04	2,3－二甲基－2－庚烯	0.16
2－羟基－3－丙基－2－环戊烯醇酚	0.11	萘乙腈	0.32

土壤中施用低浓度天然酸，能在短期内有效地激活土壤微生物，提高作物根圈微生物数量，起到促进蔬菜生长的作用；而高浓度（稀释100倍以下时）的天然酸则可以抑制生物活性，具有抑菌防病的效果。

利用基质栽培黄瓜时，每立方米育苗基质中添加竹醋液500mL，或苗期用200倍竹醋液灌根，对黄瓜苗期生长的促进作用明显。每立方米育苗基质和栽培基质用500mL竹醋液处理，并在定植后的生长过程中使用200倍的竹醋液灌根，能够有效地促进黄瓜叶片、茎粗和株高的生长，提高黄瓜产量，而且不会引起黄瓜中硝酸盐含量超标。竹醋液处理育苗基质，会增加基质中细菌的数量，减少真菌的数量，而放线菌数量以每立方米基质添加250mL竹醋液时最多。黄瓜苗期用200倍竹醋液灌根，有利于黄瓜根圈细菌和放线菌的繁殖，竹醋液的浓度过高或过低，这种作用减弱。

竹醋液50～100倍液可以有效地抑制黄瓜霜霉病孢子囊的萌发，防治田间黄瓜霜霉病的发生，其抑菌及防病效果可与化学农药72%克露的600倍液相当。

此外，竹醋液与其他植物源药剂配合使用，具有较强的增效作用，当田间蚜虫（尤其是具蜡质的粉蚜等）数量较多时，可在天然除虫菊素中添加 200 倍竹醋液，其防治效果更加显著。

其　他

茼蒿、臭椿、苦皮藤等植物也具有一定的杀虫效果。值得注意的是有机蔬菜生产中禁止使用苯、二甲苯等化学试剂为溶剂的乳油类植物源药剂。

（2）微生物源药剂

微生物源药剂包括具有杀虫、杀菌活性的活体微生物及其代谢产物，主要分为微生物杀虫剂、微生物杀菌剂和微生物除草剂等。微生物源药剂可对特定的靶标生物起作用，并且可以在自然界中流行，因此，具有专一性、安全性、速效性和持久性等特点。用于农林病虫害防治的微生物源药剂包括细菌、真菌、病毒和原生动物等。值得注意的是有机蔬菜生产中禁止使用基因工程修饰过的微生物及其代谢产物。

细　菌

细菌源药剂具有一定程度的广谱性，对鳞翅目、鞘翅目、直翅目、双翅目、膜翅目害虫均有作用，特别是对鳞翅目幼虫具有短期、速效、高效的防治特点。一般从害虫口腔侵入，与胃毒剂用法相似，包括喷雾、喷粉、灌心、颗粒剂、毒饵等。菌剂类别是影响防治效果的关键因素，表现为同一菌剂对不同害虫效果不同，不同变种菌剂对同一害虫效果不同，菌剂质量、环境条件和使用技术因菌剂而异。常见品种有各种 Bt 制剂，一般应选用近期生产的 Bt 制剂，生产日期较久的应酌情增加用量。

真　菌

真菌源药剂寄主广泛，杀虫谱广，白僵菌、绿僵菌对多种害虫有效；虫霉菌能侵染蚜虫和螨类。使用方法包括喷雾、喷粉、拌种、土壤处理、涂刷茎干或制成颗粒剂等。真菌性杀虫剂对人、畜无毒，对作物安全，但对蚕有毒害，而且侵染害虫时，需要一定的温湿度条件和足够水分以促使孢子萌发。

病　毒

病毒制剂如颗粒体病毒等，杀虫范围广，对害虫防治效果好且持久，使用病毒制剂大多采用喷雾的方法。病毒制剂在土壤中可长期存活，有的甚至可长达5年。

其　他

线虫、微孢子虫等微生物源药剂，亦可用于有机蔬菜生产。

（3）矿物源药剂

矿物源药剂是指来源于未经化学处理的天然矿物质（如生石灰、硫黄）、一些金属盐类（如铜盐）及其他一些非化学合成的天然物质（如高锰酸钾、碳酸氢钠、轻质矿物油）等。

无机硫制剂

硫黄为黄色固体或粉末，是国内外使用量最大的杀菌剂之一，也可于粉虱、叶螨的防治。该制剂具有资源丰富、价格便宜、药效可靠、不产生抗药性、毒性低、使用安全等优点。对哺乳动物无毒，对水生生物低毒，对蜜蜂无毒。

硫制剂还包括流悬浮剂、晶体石硫合剂及石硫合剂等，对螨类及白粉病防治效果较好。

矿物油乳剂

矿物油乳剂是由95%轻质矿物油加5%乳化剂加工而成的。机油乳剂对害虫的作用方式主要是触杀，作用途径如下。

①物理窒息：机油乳剂能在虫体上形成油膜，封闭气门，使害虫窒息而死，或由毛细管作用进入气门微气管而杀死害虫。对于病菌，机油乳剂也可以窒息病原菌或防止孢子的萌发从而达到防治目的。

②减少害虫产卵和取食：机油乳剂能够改变害虫寻找寄主的能力，机油乳剂在虫体上形成油膜，封闭了害虫的相关感触器，阻碍其辨别能力，从而明显的降低产卵和取食为害。机油

乳剂同时也在叶面上形成油膜，能够防止害虫的感触器与寄主植物直接接触，从而使害虫无法辨别其是否适合取食与产卵。害虫在与叶面上的油膜接触之后，多数在取食和产卵之前便离开寄主植物。

目前，商品矿物油乳剂如敌死虫（澳大利亚产）50 倍液喷雾对蚜虫防治效果好，100 倍液喷雾可以防治红蜘蛛，但价格较高，有机蔬菜生产者可以根据需要利用软钾皂作为乳化剂自行配制矿物油乳剂使用。

高锰酸钾

高锰酸钾（$KMnO_4$）又称灰锰氧，俗称 PP 粉，具有强氧化性，能使病原微生物失活，作为一种高效广谱的杀菌消毒剂，广泛应用于医疗、畜禽及水产养殖等方面。在有机蔬菜的生产过程中，利用高锰酸钾浸种消毒、喷施及灌根，可以有效防治立枯病、猝倒病、霜霉病、软腐病、青枯病及病毒病等多种病害，同时，它为蔬菜提供锰和钾两种元素，可谓药肥兼用。该药无毒副作用、无残留、不污染环境，可以作为有机蔬菜生产的常备药剂。

高锰酸钾使用方式包括浸种、灌根和喷施等。

①浸种：蔬菜种子经温汤浸种后可于 500 倍高锰酸钾溶液中浸 15min，捞出用清水洗净，阴干后播种，可以防治苗期立枯病、猝倒病等。

②灌根：防治黄瓜枯萎病，于定植后，以 1 000倍液灌根，每次每株灌 150 ~200mL，每 7d 使用 1 次，连续 2 ~3 次。防治苦瓜枯萎病，发病初期，以 500 倍液灌根，每 7d 使用 1 次，连续 2 ~3 次。防治辣椒根腐病，在门椒坐果后用高锰酸钾 500 倍液灌根，每 10d 使用 1 次，连续 3 ~4 次；如已发病可在发病初期用 500 倍液灌根，每 7d 使用 1 次，连续 4 次。防治豇豆枯萎病、根腐病，发病初期用 600 倍液灌根，每 7d 使用 1 次，连

续4 次。

③喷施：叶面喷施500～1 000倍高锰酸钾溶液可以有效防治霜霉病、病毒病、软腐病及青枯病等，通常苗期浓度低于生长后期，预防浓度低于治疗浓度。高锰酸钾防治病害应以7～10d 为一个疗程，通常需要连续3 个疗程左右。

配制高锰酸钾溶液时，需要注意如下问题：高锰酸钾遇有机物会还原成二氧化锰而失去氧化性，因此，配制时一定要使用清洁水，禁止使用污水、淘米水等；高锰酸钾在热水中易分解失效，配制时注意避免使用热水加快其融解速度，且随配随用，忌配后久放；高锰酸钾具有强氧化性，因此，称量需精确，配药时需充分溶解，且幼苗期宜采用低浓度，防止造成药害；勿与其他药剂、肥料混用。值得注意的是，过量使用高锰酸钾对土壤微生物区系有一定的影响，因此，不应无节制使用。

碳酸氢钠

碳酸氢钠（$NaHCO_3$）即小苏打，俗称面起子，其溶液呈碱性，由于白粉病、锈病、霜霉病、炭疽病、叶霉病及晚疫病等多种病害的病原菌在碱性条件下很难生存，因此，喷施500 倍碳酸氢钠水溶液对上述病害具有较好的防治效果。另外，碳酸氢钠分解后可产生 CO_2，弥补了设施栽培中光合作用碳源不足的问题，所以，温室、大棚蔬菜内喷施碳酸氢钠溶液，既能防病，又可增产。需要注意的是碳酸氢钠必须在病害刚刚发生时使用，一般隔3d 喷施1 次，连续5～6 次，防治效果较好。

此外，配制、使用碳酸氢钠溶液时须注意如下：配制要用清洁水，同时不能使用热水，防止碳酸氢钠分解而失去杀菌功能；随配随用，配后久放效果差；注意不要与其他杀菌剂混用。

第三章　蔬菜常见病害安全防控关键技术

对于病害防治而言，首先应明确其传播途径及流行条件，切断其侵染循环，消除其流行条件，才能大大减轻药剂防治的压力，取得满意的效果。例如，猝倒病、青枯病、根结线虫等土传病害，关键点在于土壤控制：培育健康、均衡的土壤微生物区系，遏制病原菌的发展；利用无病土育苗，大田土壤消毒等技术，消灭初侵染源；通过滴灌、渗灌等灌溉措施阻碍病原菌的传播。病毒病等虫传病害的防治重点在于消灭蚜虫、粉虱、叶甲等传播媒介，可以起到事半功倍的效果。霜霉病、白粉病等病害，其流行往往需要一定的温度或湿度，设施栽培中，可以通过调节温湿度等手段，控制小环境，抑制病害的发生。

第一节　十字花科蔬菜主要病害及安全防控技术

一、白菜类蔬菜主要病害及安全防控技术

（一）白菜类蔬菜主要病害

白菜类蔬菜主要病害见表3－1。

表3－1　白菜类蔬菜主要病害

病害名称及病原菌	田间诊断	传播途径	流行条件	关键控制点
软腐病（*Erwinia carotovora* pv. *carotovora*）	初期，叶片组织半透明至水渍状；严重时腐烂，全株倒地，有腥臭；干燥时，腐烂叶片干枯并呈半透明薄膜状，易破裂	病原菌主要在田间病株、残体、肥料及黄条跳甲等害虫体内越冬，翌年通过昆虫、雨水、灌溉水带菌肥料自伤口或自然孔口侵入	病原菌发育适温25～30℃；夏季高温多雨及虫害猖獗地块病害严重	土壤消毒；减少伤口（移栽时的机械损伤，地下害虫造成的虫伤，中耕或其他原因引起的创伤，施药施肥浓度过大导致的烧伤等）
霜霉病（*Peronospora parasitica*）	病叶正面初呈水渍状小斑，后扩大受叶脉限制成多角形淡黄至淡褐色病斑；湿度大时，叶片背面出现灰色或杂色霉层	病原菌以卵孢子随病残体在土壤中越冬，翌年产生孢子囊借气流、雨水传播；种子带菌可作远距离传播	温度在16～22℃之间，相对湿度高于70%，利于病害发生；连续降雨、大雾、重露则发病重。莲座期至包心期气候尤为关键	种子处理；控制湿度
病毒病（CMV、TMV、CVNV等）	叶片皱缩，新叶心叶凹凸不平，并呈现花叶症状，叶脉产生褐色坏死斑点或条纹；植株矮小，难以包心，外包叶内部叶片上有大量黑褐色坏死斑	蚜虫（桃蚜、棉蚜、甘蓝蚜、萝卜蚜等）传播	高温干旱，地温高或持续时间长易发病；苗期特别易感病；播种早，毒源或蚜虫多，管理粗放，土壤干燥、缺水缺肥时发病重	控制蚜虫
黑腐病（*Xanthomonas campestris* pv. *campestris*）	老叶边缘出现“V”形褐色病斑，后沿叶脉叶柄发展，叶脉变黑；蔓延到根茎处，维束管变褐，植株萎蔫，但外部症状不明显，似缺水状	病原菌在种子或病残体内越冬，翌年借气流、雨水、带菌肥料及农具传播，自叶缘水孔或病虫伤口侵入；带菌种子可作远距离传播	病原菌发育适温30～32℃，最适pH值7.4；十字花科蔬菜连作；高温多雨天气，利于发病	种子处理；控制湿度
根肿病（*Plasmodiophora brassicae* woron）	根部瘤形肿大，植株萎蔫（晴天中午前后尤为明显）、黄化和落叶，发育迟缓，不能形成产品器官	病原菌以休眠孢子囊在土壤中越冬，翌年借雨水、灌溉水、昆虫及农具传播	病原菌发育适温20～24℃；相对湿度50%～70%，利于发病当pH值≤7.0时适宜发病	改良土壤，利用石灰乳调节土壤pH值；清园；土壤消毒

（二）白菜类蔬菜病害安全防控技术

1. 合理轮作

与非十字花科作物轮作 2～3 年，前茬最好为葱蒜类、辣椒或苜蓿等绿肥作物。

2. 品种选择

一般青帮较白帮、疏心直筒形较包心形对于软腐病抗性较强；提倡选用抗性强的地方品种。

3. 适期播种

北京市及其周边地区立秋前后播种，南京市及其周边地区 8 月中旬播种，可以降低霜霉病等病害的为害。

4. 种子处理

①无公害、绿色食品蔬菜：防治霜霉病可用 50% 福美双可湿性粉剂或 75% 百菌清可湿性粉剂按种子量的 0.4% 拌种，也可用 25% 瑞毒霉可湿性粉剂按种子量的 0.3% 拌种；防治软腐病可用菜丰宁或专用种衣剂拌种。

②有机蔬菜：50℃温汤浸种 20～30min，防治霜霉病、黑腐病；60℃下干种子处理 6h，防治褐腐病。

5. 土壤消毒

①无公害、绿色食品蔬菜：20% 辣根素，施用量为 5L/667m^2，喷施或滴灌后覆膜 3～5d。

②有机蔬菜：播种前畦面喷施 500～800 倍高锰酸钾水溶液，可防治多种病害。

6. 科学管理

①控制湿度：高畦直播，雨后注意排水。

②清园：发病初期及时拔除病株，在病穴及四周撒生石灰。

③调节 pH 值：南方酸性土壤可结合整地，每 667m^2 施生石灰 50～100kg，使 pH 值大于 7，可有效防治根肿病。

④关键季节使用防虫网控制蚜虫发生。

7. 药剂防治

（1）无公害农产品、绿色食品蔬菜

①对软腐病用72%农用硫酸链霉素可溶性粉剂4 000倍液，或新植霉素4 000～5 000倍液喷雾。

②防治霜霉病可选用25%甲霜灵可湿性粉剂750倍液，或69%安克锰锌可湿性粉剂500～600倍液，或75%百菌清可湿性粉剂500倍液等喷雾。交替、轮换使用，7～10d施用1次，连续防治2～3次。

③防治病毒病可在定植前后喷1次20%病毒A可湿性粉剂600倍液，或1.5%植病灵乳油1 000～1 500倍液喷雾。

④防治蚜虫可用10%吡虫啉3 500～4 500倍液，或3%啶虫脒3 000倍液，或50%抗蚜威可湿性粉剂2 000～3 000倍液喷雾。

注意，绿色食品蔬菜生产要求“每种化学合成农药在一种作物的生长期内只允许使用一次”，因此必须轮换用药。

（2）有机蔬菜

①发病初期500～800倍液高锰酸钾喷雾，每7～10d使用1次，连续2～3次，可防治霜霉病、病毒病、软腐病及黑腐病等病害。

②及时防治蚜虫，苦参碱或除虫菊素800～1 000倍喷雾，减少病毒病的发生。

二、萝卜类蔬菜主要病害及安全防控技术

（一）萝卜类蔬菜主要病害

萝卜类蔬菜主要病害见表3－2。

表 3－2 萝卜主要病害

病害名称及病原菌	田间诊断	传播途径	流行条件	关键控制点
病毒病（UMV、CMV、TMV、BBWV）	病株矮小，叶片扭曲、皱缩或呈黄绿相间的花叶	主要由昆虫（蚜虫、跳甲）传毒，也可通过摩擦方式传播	田间流行与有翅蚜发生量呈正相关；有翅蚜迁飞高峰期，苗龄越小，感病越重，大苗（3～4片真叶）发病率显著降低；高温干旱，植株生长不良时发病重	防治蚜虫（棉蚜、萝卜蚜）；适当调整播期
软腐病（*Erwinia carotovora* pv. *carotovora*）	病部呈褐色水渍状溃烂，遇干旱停止扩展，病健部界线明显，常有褐色汁液渗出	病原菌主要在田间病株、残体、肥料及害虫体内越冬，翌年通过昆虫、雨水、灌溉水、带菌肥料等自伤口或自然裂口侵入	25～30℃时易发病	土壤消毒，减少伤口（病虫伤及农事操作机械损伤），控制湿度
黑腐病（*Xanthomonas campestris* pv. *campestris*）	病叶边缘出现“V”形病斑，叶脉变黑坏死；病根外观良好，但髓部多成黑色干腐状，后形成空洞	病原菌主要在种子、土壤及病残体上越冬，翌年通过雨水、灌溉水传播蔓延，由伤口（农事操作及病虫为害造成）或自然孔口（叶缘水孔）侵入	温度25～30℃，高温多雨，过早播种或连作，低洼排水不良及灌水过多且漫灌的田块发病重	减少伤口，控制湿度，土壤消毒
霜霉病（*Peronospora parasitica*）	病叶出现不规则退绿黄斑至多角形黄褐病斑；潮湿时，叶片正反面生白色霉层，严重时病斑连片，全叶枯死	病原菌以卵孢子随病残体在土壤中越冬，翌年产生孢子囊借气流、雨水传播；种子带菌可作远距离传播	平均气温16℃左右，相对湿度高于70%，连阴雨，易发病；一般播种过早，品种抗性差，过于密植，田间湿度大，及连作地块发病重	控制湿度

（二）萝卜类蔬菜病害安全防控技术

1. 合理轮作

与非十字花科蔬菜进行2～3年以上轮作。

2. 适时播种

结合预测报，合理调整夏、秋萝卜播种期，使幼苗期（3片真叶以下）避开有翅蚜发生高峰，可以明显减轻病毒病的危害。

3. 种子消毒

参见白菜类防治。

4. 科学管理

①控制湿度：选择土质疏松、深厚的沙土和沙壤土，宜采用高畦栽培，便于排灌。

②减少伤口：尽量减少各种原因引起的伤口（包括病虫害创伤及农事活动机械损伤）。

③控制蚜虫：用银灰色遮阳网育苗，田间铺银灰色膜或插银箔板（大小50cm×10cm，距地30cm，间隔2m）驱蚜。

5. 药剂防治

喷施除虫菊素或苦参碱800～1 000倍防治蚜虫；5%鱼藤酮400～6 000倍防治跳甲；发病初期500～800倍高锰酸钾喷雾，每7～10d使用1次，连续2～3次，可防治花叶病、软腐病、黑腐病及霜霉病，同时拔除病株带出田间，用生石灰对周围土壤进行消毒。无公害、绿色食品蔬菜病害防治要求参见白菜类蔬菜。

第二节　茄科蔬菜主要病害及安全防控技术

一、番茄主要病害及安全防控技术

（一）番茄主要病害

番茄主要病害见表3－3。

表 3－3　番茄主要病害

病害名称及病原菌	田间诊断	传播途径	流行条件	关键控制点
叶霉病（*Fuliva fulva*）	叶部初呈淡绿色病斑，后期叶背出现灰色至黑色霉层，正面可见不规则黄色病斑。主要侵害叶片，也为害嫩茎和果柄，导致花瓣凋萎或幼果脱落	病原菌随病残组织在土壤中越冬，也能以分生孢子附着在种子表面或以菌丝潜伏于种皮内越冬。翌年分生孢子借助气流传播蔓延	温度22℃左右，相对湿度90%以上或夜间叶面有水膜时，易发病；相对湿度低于70%、气温高于30℃时明显抑制病害发生。阴雨弱光照天气发病严重	控湿（低湿）调温（高温）；种子消毒；清园
灰霉病（*Botrytis cinerea*）	多从凋谢花器侵入，危害幼果。病部初呈水渍状小斑，后期出现灰色霉层，导致幼果腐烂。叶片感染，多从叶尖开始，病斑沿支脉"V"形向内扩展，亦为害茎部。也为害茄子、辣椒	病原菌主要以菌核随病残体在土壤中越冬、越夏，翌年产生分生孢子随气流、雨水及农事操作传播	温度16～23℃，相对湿度在90%以上，适宜发病。春季或"倒春寒"及连阴雨多，易发病；棚室内湿度大，发病严重	控湿（低湿）调温（高温）
早疫病（*Alternaria solani*）	叶片初呈褪绿斑，后期出现圆形或不规则灰褐斑，具同心轮纹；茎部病斑多梭形或椭圆形，灰褐色；果实病斑多在蒂部，为深褐色近圆形凹陷，后期出现黑色霉状物，导致果实开裂、脱落。也为害茄子、马铃薯	病原菌以菌丝体及分生孢子随病残体在田间或在种子上越冬，成为翌年病害的初侵染源。发病后病部产生大量的分生孢子，借气流、雨水传播	病原菌发育适温26～28℃，连续几天相对湿度大于70%，易流行。结果盛期较易发病；老叶发病重；肥力不足，植株生长衰弱或地势低洼、排水不良，田间湿度大时易于发病	种子消毒
晚疫病（*Phytophthora infestans*）	叶片初呈暗绿色水渍状斑点，后转为淡绿色至褐色，病斑圆形或不规则，边缘不明显，潮湿时病健交界处出现一圈白色霉层。茎部病斑深褐色；果实病斑深褐色，不规则，潮湿时出现稀疏的白色霉状物。也为害马铃薯	病原菌以菌丝、孢子囊随病残体在土壤中越冬，翌年借气流、雨水及农事操作等传播	病原菌发育适温24℃，孢子萌发需要高湿条件，18～22℃，相对湿度100%时最利萌发。温度适合时，旬平均相对湿度大于75%超过3次，易大流行	控温（高温）调湿（低湿）

（续表）

病害名称及病原菌	田间诊断	传播途径	流行条件	关键控制点
病毒病（TMV、CMV 等）	花叶：叶脉透明，叶片斑驳；蕨叶：叶片呈线状，植株矮化、丛生；条斑：叶、茎、果表皮组织出现略凹陷褐色条形斑纹，不深入内部	带毒汁液通过伤口传播；蚜虫传毒	高温干旱，氮肥过多，土壤板结、瘠薄、排水不良田块发病重	控制蚜虫

（二）番茄主要病害安全防控技术

1. 品种选择

无公害、绿色食品番茄生产可适当选择国外包衣品种，常用的有以色列海泽拉公司、美国先正达公司以及荷兰纽内姆公司品种；有机番茄生产禁止使用包衣种子，提倡选用抗性强的地方品种。

2. 合理轮作

与其他非茄科蔬菜及瓜类（葫芦科）蔬菜实施 2 ~ 3 年轮作。

3. 种子处理

52℃温汤浸种 30min，洗净晾干后催芽，防治叶霉病、早疫病等病害。绿色食品蔬菜及无公害蔬菜生产可用 10% 磷酸三钠溶液，浸种 20min，防治病毒病。

4. 高温闷棚

选择晴天中午，保持 30 ~ 36℃ 约 2min，然后通风降温，防治叶霉病，闷棚前注意浇足水。

5. 棚室消毒

病害严重的棚室，可于栽培前按每 $100m^2$ 用硫黄粉 250g 的剂量加 500g 锯末，拌匀分放几处，点燃后熏闷 1 夜，散晾 1d 以上移栽。

6. 培育壮苗

营养钵育苗，育苗土消毒或采用未种过茄果类蔬菜的菜园土，露地育苗覆盖防虫网防蚜虫、白粉虱。

7. 科学管理

①控制湿度：采用滴灌，或膜下暗灌技术，阴雨天及发病后，控制浇水。

②合理密植：适当加大行距，避免栽植过密；棚室选用无滴膜，替代聚乙烯膜。

③摘除花器：花后一周彻底摘除幼果上的花瓣、柱头，及时摘除下部老叶、病叶，并装入塑料袋内带出棚室深埋或烧毁，防治灰霉病。

④控制蚜虫：及时防控蚜虫，降低病毒病为害。

8. 药剂防治

（1）无公害农产品、绿色食品蔬菜

① 50%腐霉利可湿性粉剂 1 500倍液喷雾或 2%武夷菌素水剂 100 倍液喷雾，防治灰霉病。

② 75%百菌清可湿性粉剂 600 倍液喷雾或 70%代森锰锌 500 倍喷雾，防治早疫病。

③ 5%百菌清粉剂，1 000g/667m^2，喷粉，防治晚疫病。

④ 2%武夷菌素水剂 150 倍液喷雾，防治叶霉病。

注意，绿色食品蔬菜生产要求“每种化学合成农药在一种作物的生长期内只允许使用一次”，因此，必须轮换用药。

（2）有机蔬菜

①灰霉病发病初期喷施 1%蛇床子素水剂，800 倍液，如发病较重则喷施 500 倍液，如病情严重可连续喷洒 2 ~ 3 次，间隔 3 ~ 5d 施药 1 次，叶片正反面均匀喷雾，至完全润湿至稍有液滴即可，安全间隔期 5 ~ 7d。

②叶霉病防治：可选用用 1：1：240 倍波尔多液或 50% 多硫悬浮剂 700～800 倍液，7～10d 喷施 1 次，喷药时要保证均匀，重点是叶背面和地面。发病初期，喷施 500 倍碳酸氢钠水溶液，每 3d 使用 1 次，连续 5～6 次，也可用于叶霉病防治。

③病毒病防治，发病初期 500～800 倍液高锰酸钾喷雾，每 7～10d 使用 1 次，连续 2～3 次。

二、茄子主要病害及安全防控技术

（一）茄子主要病害

茄子主要病害见表 3－4。

表 3－4　茄子主要病害

病害名称及病原菌	田间诊断	传播途径	流行条件	关键控制点
黄萎病（*Verticillium dahliae* Kleb.）	发病多自下而上，或从一边向全株发展：最初叶缘、叶脉变黄，干旱或晴天中午前后萎蔫，早晚恢复正常；后期叶片黄褐上卷，最后萎蔫、脱落，病部可见维管束变褐；多在门茄坐果后开始表现症状	病原菌以休眠菌丝体、厚垣孢子和微菌核随病残体在土壤、种子中越冬，翌年借助气流、雨水及农事操作等传播；带病种子可作远距离传播	病原菌发育适温 19～25℃，土壤湿度大时易发病。地势低洼、管理不当（施用未腐熟的有机肥、定植过早、移栽过深或伤根多、棚室灌水后未及时放风等）及连作地块发病重	土壤、种子消毒；控制湿度
褐纹病（*Phomopsis vexans*）	叶片、果实病斑近圆形，茎部病斑梭形。病斑初为苍白色小点，扩大后中央灰白色，边缘呈深褐色的凹陷，并具轮纹；受害果实腐烂脱落，或成僵果挂在枝上	病原菌以菌丝体或分生孢子器在土壤、病残体、种子（于种子表面或潜伏于种皮内）以及生产工具上（犁、薄膜、框架等处）越冬，翌年产生分生孢子，借气流、雨水、昆虫及农事操作传播	病原菌发育适温 28～30℃，相对湿度高于 80%，持续时间较长，或连续阴雨，易流行；多年连作，种植过密，幼苗瘦弱，田块低洼，土壤黏重，排水不良，偏施氮肥发病重	种子消毒；控制湿度

（续表）

病害名称及病原菌	田间诊断	传播途径	流行条件	关键控制点
菌核病（*Sclerotinia sclerotiorum*）	病部初呈水渍状，潮湿时病部出现白絮状菌丝，后期出现黑色小点状菌核，软腐无臭味；干燥后缢缩或表皮破裂。苗期至成株期各器官均可发病；也为害番茄、辣椒	病原菌以菌核在土壤中或附着在种子表面越冬；翌春菌核萌发并散发子囊孢子，随气流传至寄主，由伤口或自然孔口侵入；在棚内病株与健株、病枝与健枝接触，或病花、病果软腐后落在健部均可发病	病原菌发育适温20℃，孢子萌发最适温度5～10℃；相对湿度70%以下，病害发生受到抑制；设施栽培时低温、高湿条件下发病重	土壤、种子消毒；控制湿度
绵疫病（*Phytophthora parasitica*）	病部初呈水浸状，圆形或椭圆形褐色斑，潮湿时病斑迅速扩大，表面布满白色絮状霉层。主要为害果(实尤以下部老果为甚)，茎、叶、花器亦受害	病原菌以卵孢子随病残体在土壤中越冬，翌年卵孢子产生芽管直接侵入寄主，或由菌丝产生的孢囊梗、孢子囊借气流、雨水传播形成再侵染	病原菌发育适温30℃，相对湿度大于90%，菌丝生长旺盛；高温多雨季节，田间湿度大此病易流行	轮作；控制湿度

（二）茄子病害安全防控技术

1. 品种选择

一般叶片较长，叶缘有缺刻，叶面茸毛多，叶色深的品种相对较耐黄萎病；圆茄系较抗绵疫病；长茄系的白皮、绿皮品种较抗褐纹病；提倡选用抗性强的地方品种。

2. 轮作、间作

与非茄科蔬菜实行3～5年轮作，病重地块不能重茬。前茬最好是葱蒜类或豆类等，或与其间作。

3. 选择地块

选择排水方便的肥沃地块，靠近重病地块及下水流地块不宜种植。

4. 土壤消毒

黄萎病菌不耐高温，重病地块可于夏季空茬期选择炎热少雨的晴天，先将田块表土层耕翻耙碎并喷水至湿润，然后覆盖地膜（黑色最佳）10～15d，即可减轻黄萎病发生。

5. 种子处理

55℃温汤浸种15min，或50℃浸种30min，或将于种子置于70℃恒温干热条件下处理72h，如种子在采种时直接取下，浸种前先在纯碱溶液中搓洗除去种子表面黏胶物，效果更好，然后催芽播种，可减轻褐纹病、黄萎病的发生。

6. 嫁接

以托鲁巴姆、赤茄等为砧木进行嫁接可防治黄萎病、根结线虫等多种病害。嫁接应以劈接法和靠接法为宜，将嫁接苗定植到大棚时，接口处一定要高于地面，以防黄萎病再次侵染。

7. 科学管理

①培育壮苗：选择肥沃大田的新土作苗床；用育苗钵育苗，防止定植伤根。

②控制湿度：采用高垄或高畦栽培，实行地膜覆盖栽培，减少下茬病菌飞溅机会；浇水不宜过早，初果期禁止大水漫灌，避免明显降低土温和土壤过湿适时定植，保证较高土温。

③改良土壤：施用腐熟有机肥，改良土壤通气性，补施天然酸等物质，将土壤pH值调为微酸性。

④清园：病株、病果及时收集销毁，能明显减轻发病程度。

8. 药剂防治

（1）无公害蔬菜、绿色食品蔬菜

①发病初期喷洒75%百菌清可湿性粉剂600倍液，视病情隔7～10d再喷1次70%代森锰锌可湿性粉剂400～500倍液，防治褐纹病。

②50%多菌灵可湿性粉剂500倍液灌根，株灌药液0.3～0.5kg，防治黄萎病。

③发病初期喷施75%百菌清可湿性粉剂500～700倍液，防治绵疫病。

注意，绿色食品蔬菜生产要求“每种化学合成农药在一种作物的生长期内只允许使用一次”，因此必须轮换用药。

（2）有机蔬菜

①发病初期，可于晴天上午喷施1：1：200倍的波尔多液，每7～10d喷施1次，连续2～3次，可以防治绵疫病及褐纹病等。

②发病初期利用高锰酸钾水溶液500～800倍喷雾，每7～10d使用1次，连续2～3次，能够防治黄萎病、菌核病等多种病害。

三、辣椒/甜椒主要病害及安全防控技术

（一）辣椒/甜椒主要病害

辣椒/甜椒主要病害见表3－5。

表3－5　辣椒/甜椒主要病害

病害名称及病原菌	田间诊断	传播途径	流行条件	关键控制点
疫病（*Phytophthora capsici*）	病部初呈暗绿色水渍状病斑，后转为褐色，潮湿时腐烂，并覆盖白色霉层，干燥时病部干枯；茎、叶、果实均可发病；也可为害番茄	病原菌以卵孢子、厚垣孢子随病残体在土壤中越冬，翌年卵孢子萌发，产生孢子囊借雨水及灌溉水传播引起重复侵染	病原菌发育适温30℃，田间温度25～30℃，相对湿度80%以上时，发病严重；雨季或大雨过后天气突然转晴，气温急剧上升时，病害易流行；平畦、地块低洼积水、大水漫灌、定植过密等利于病害发生	控制湿度

（续表）

病害名称及病原菌	田间诊断	传播途径	流行条件	关键控制点
炭疽病（*Colletotrichum capsici*）	病部呈水渍状近圆形病斑，中央凹陷，具同心轮纹排列的小黑点，潮湿时分泌红色黏稠物质；果实（为主）、叶片均可发病	病原菌以拟菌核随病残体或种子在土壤中越冬，翌年多从寄主的伤口侵入，产生分生孢子借助气流、雨水及昆虫传播进行重复侵染	病原菌发育温度12～33℃，最适温度27℃，相对湿度95%左右，高温高湿利于病害流行；相对湿度低于70%，不易发病；田块排水不良，种植过密，或果实受伤等易诱发该病	种子处理；控制湿度
疮痂病（*Xanthomonas vesicatoria*）	病叶出现疮痂状隆起的小黑点，导致落叶；茎部病斑水渍状，条形，严重时隆起成疮痂状纵裂；病果产生近圆形稍隆起的黑色疮痂斑，边缘裂口，潮湿时有菌浓溢出；也为害番茄	病原菌主要附着种子表面，亦可随病残体在田间越冬；病原菌在土壤中可存活1年以上，带菌种子可作远距离传播；翌年从气孔或伤口侵入，在细胞间繁殖，致使寄主表皮组织增厚形成疮痂状，病菌通过气流、雨水或昆虫传播蔓延	病原菌发育适温27～30℃，相对湿度大于80%，尤其是暴风雨更有利于病菌的传播与侵染，雨后天晴极易流行；高温多雨季节发病重；土壤偏酸性、种植过密、生长不良，易感病	种子处理，控制湿度
病毒病（CMV、TMV等）	①花叶型病毒病：叶片明脉、轻微褪色，继而出现花叶；②条斑型病毒病：病叶主脉黑褐色坏死，沿叶柄扩展到枝、主茎及顶端生长点，产生褐色油渍状坏死的条斑；③蕨叶型病毒病：病株皱缩矮化，分枝增多，叶片变小或出现蕨叶	病毒在其他寄主或病残体及种子上越冬，翌年通过蚜虫和农事操作（如整枝、摘叶、摘果）经过茎、枝、叶的表层伤口浸染	有利于蚜虫生长繁殖的条件（高温干旱，氮肥过量，植株组织柔嫩等）发病较重；定植晚、连作地发病重	控制蚜虫

（二）辣椒/甜椒病害安全防控技术

1. 品种选择

因地制宜地选用抗性品种，提倡选择抗性强的地方品种。

2. 实施轮作

忌与瓜类、茄果类蔬菜连作，可选择十字花科、豆科等蔬菜为前茬。

3. 种子处理

辣椒种子用55℃温汤浸种10～20min，可以减轻各种病害的发生。炭疽病、疮痂病严重地区，可先用清水浸种6～15h，再放入1%硫酸铜溶液浸泡5min，用清水反复冲洗干净或者加少量草木灰或熟石灰（氢氧化钙）中和酸性，然后催芽播种。9%高锰酸钾溶液浸种30min，再用清水洗净后播种，可以消灭种子携带病毒。通常，辣椒种子在采种时直接取下，因此，在处理前先在纯碱溶液中搓洗除去种子表面黏胶物，浸种效果更好。无公害甜椒与绿色食品甜椒可用10%磷酸三钠溶液浸泡10～15min，并清洗干净。

4. 防治蚜虫

育苗期利用遮阳网、防虫网等设施，减少蚜虫为害；套作高秆作物，阻挡蚜虫迁入传毒；铺设银灰膜，挂黄板防治蚜虫，减少病毒病发生。

5. 科学管理

①控制湿度：选择地势较高、排灌良好的田块，采用深沟高畦栽培；合理密植，及时打掉下部老叶，使田间通风透气。

②培育壮苗：采用营养钵培育壮苗，适时定植。

③清园：采收后应及时清除田园病残体，集中销毁。

④防止传毒：农事操作中要注意防止人为传毒，在进行整枝、打杈、摘果等操作中，手和工具要用肥皂水冲洗，以防伤口侵染。

6. 药剂防治

（1）无公害农产品、绿色食品蔬菜

①发病初期农用链霉素400倍液灌根，防治疫病。喷施

75%百菌清500~700倍液，每7~10d使用1次，连续2次，防治炭疽病。

②发病初期用72%农用链霉素可湿性粉剂4 000倍液或14%络氨铜水剂300倍液，每7~10d使用1次，连续喷施2次，防治疮痂病。

注意，绿色食品蔬菜生产要求“每种化学合成农药在一种作物的生长期内只允许使用一次”，因此，必须轮换用药。

（2）有机蔬菜

①疫病防治，发病初期每667m^2随灌水加施硫酸铜晶体1.5~2.5kg。

②病毒病防治，发病初期喷施800倍高锰酸钾水溶液，每7~10d使用1次，连续防治2~3次，亦可用于防治疮痂病等；或于4叶期开始，每10~15d叶面喷施1次100倍豆浆稀释液，连喷3~5次。

③炭疽病防治，发病初用1：1：200倍波尔多液或硫酸铜200倍液喷雾，每7d使用1次，连喷2~3次；或500倍碳酸氢钠水溶液，每3d喷施1次，连续5~6次，效果较好。

第三节　葫芦科蔬菜主要病害及其安全防控技术

一、黄瓜主要病害及安全防控技术

（一）黄瓜主要病害

黄瓜主要病害见表3-6。

表 3-6　黄瓜主要病害

病害名称及病原菌	田间诊断	传播途径	流行条件	关键控制点
霜霉病 (*Pseudoperonospora cubensis*)	病部初呈水渍状斑点，扩大后受叶脉限制，形成多角形黄褐色斑；潮湿时，叶背病斑上出现灰褐色或紫黑色霉层	病原菌主要以孢子囊形式在病叶上越冬，翌年通过气流、雨水或害虫（黄守瓜）传播，从寄主气孔或直接穿过表皮侵入；该病主要侵害功能叶片，幼嫩叶片和老叶受害少	病害流行温度 20～24℃，孢子囊萌发适温 15～22℃；低于 15℃或高于 28℃，不利于病害发生；相对湿度低于 60%不产生孢子囊；结瓜期连阴多雨，高湿，棚室内结露时间长，病害易流行；通风不良，氮肥缺乏地块发病重	控制湿度（低湿）、温度（高温）
炭疽病 (*Colletotrichum lagenarium*)	叶背病斑近圆形，黄褐色，直径 1～3cm，外具黄色晕圈；后期病斑出现小黑点；茎部病斑梭形，黄褐色，略凹陷；果实病斑圆形，有粉红色黏液	病原菌以菌丝或拟菌核随病残体在土壤中越冬，翌年产生分生孢子成为初侵染源，借雨滴或棚室内水滴传播为害；种子带菌，萌发后直接侵入子叶	发病最适温度 24℃，相对湿度 97%以上，最易发病；高温（高于 30℃）、少雨病害停止发展；棚室内低温、高湿，结露时间长易发病；连作、低洼、氮肥过多地块发病重	种子消毒；控温、降湿
灰霉病 (*Botrytis cinerea*)	病原菌先自凋谢的雌花侵入，引起腐烂，长出灰褐色霉层；然后侵害幼嫩瓜条，导致软腐和萎缩，病部出现褐色霉层；叶片多产生大型枯斑，边缘明显，生有少量灰霉；也为害西葫芦、南瓜等其他葫芦科蔬菜及番茄、茄子、菜豆、韭菜、葱等多种蔬菜	病原菌主要以菌核或菌丝体随病残体在土壤中越冬；翌年产生分生孢子借气流、雨水和农事操作等进行传播	病原菌发育适温 20～25℃，发病温度 15～27℃；相对湿度大于 90%时，利于病害流行；湿度大，结露时间长的棚室发病重	控制湿度
白粉病 (*Sphaerotheca fuliginea*)	主要为害叶片，病叶正、背面初生白色粉状小霉斑，扩展后白色病斑连片，布满全叶（全叶出现白色霉层），后期病斑上产生小黑点，叶片变黄干枯；也为害西葫芦、南瓜等葫芦科蔬菜及豆科蔬菜	病原菌主要以菌丝和分生孢子或闭囊壳（寒冷地区）在寄主上越冬或越夏，翌年产生分生孢子借气流进行传播	发病适温 16～24℃，最适相对湿度为 75%；温度高于 30℃，湿度超过 95%，则病情受到抑制；通风不畅，生长不良地块发病重	控制湿度（低湿）、温度（高温）

（续表）

病害名称及病原菌	田间诊断	传播途径	流行条件	关键控制点
疫　病（*Phytophthora melonis*）	全生育期各器官均可发病，病部初呈暗绿色水渍状斑，茎部受害缢缩，病斑以上青枯；湿度大时，叶部病斑迅速扩大，致全叶腐烂，干燥时，病斑边缘明显，中间呈青灰至黄白色，干枯易碎裂；瓜部病斑凹陷、腐烂，生稀疏白色霉层，具臭味	病原菌以卵孢子、厚垣孢子随病残体在土壤或粪肥中越冬，翌年卵孢子经雨水、灌溉水传播，从寄主表皮侵入；在高湿或阴雨条件下病部产生大量孢子囊，孢子囊和所萌发的游动孢子又借气流、雨水传播，引起再侵染	发病适温为 28～30℃；湿度是发病关键：25～30℃并有水滴存在的条件下，完成一次侵染过程仅需 24h；雨季来临早、雨量大、雨日多的年份则发病早且重；地势低洼，地下水位高，浇水过多或水量过大，排水不良的田块，发病重	控制湿度
细菌性角斑（*Pseudomonas syringae* pv. *lachrymans*）	病斑初呈浅绿色水渍状小点，扩大后受叶脉限制成多角形；潮湿时，叶背出现白色菌脓；干燥时病斑开裂穿孔	病原菌主要在种子上或随病残体在土壤中越冬，翌年初侵染病斑上的菌脓又借雨水、灌溉水、昆虫或农事操作等传播途径进行再侵染；病原菌由自然孔口（潜育期较长，约 7～10d）或伤口（潜育期较短，仅 2～5d）侵入	病原菌发育适温 25～28℃；18～26℃宜于发病，如果低于 15℃或高于 30℃则不利于发病；发病适宜的相对湿度为 75% 以上，湿度越大，发病越重；昼夜温差大、结露重地块发病重，春秋多雨季节病害易流行	种子消毒；控制温（高温）、湿度（低湿）

（二）黄瓜主要病害安全防控技术

1. 品种选择

津优系列品种兼抗霜霉病、白粉病和枯萎病三大病害；中农及津研系列等品种较抗疫病；在细菌性角斑病多发地区可选择中农 13 号等品种。

2. 实施轮作

与非瓜类（葫芦科）蔬菜实施 2～3d 轮作。

3. 土壤消毒

温室中春茬黄瓜拉秧后，清洁田园，然后每 667m^2 撒施生石灰 50～100kg 和铡碎稻草 50～1 000kg，深翻土壤 30～50cm，混匀，打高畦灌水并保持水层，覆盖地膜，密闭温室 15～20d，可以防治枯萎等土传病害以及疫病、细菌性角斑病、根结线虫等病害。

4. 硫黄熏蒸

设施栽培可于定植前进行硫黄熏蒸：将硫黄粉与锯末（每立方米用硫黄4g、锯末8g）混匀，分置于几个小花盆内点燃熏蒸1夜，可以防治霜霉病、白粉病等病害。注意，熏蒸时温棚室内不能有任何绿色植物，金属骨架的栽培设施不适合此法消毒。

5. 种子处理

①无公害农产品、绿色食品蔬菜：用50%多菌灵可湿性粉剂500倍液浸种1h，或用4%甲醛（福尔马林）300倍液浸种1.5h，捞出洗净催芽可防治枯萎病等。

②有机蔬菜：先将种子至于日光下晒1~2d，然后用55℃温汤恒温浸种20~30min，25~30℃下浸泡1~3h后，用湿纱布包裹催芽，可以防治霜霉病、病毒病、炭疽病等多种病害。将含水量10%以下的干黄瓜种子在70℃的恒温条件下处理72h，然后再进行浸种、催芽，可防治细菌性角斑病、病毒病等病害。

6. 培育壮苗

①无公害农产品、绿色食品蔬菜：（苗床）每平方米播种床用40%甲醛（福尔马林）30~50mL，加水3L，喷洒床土，用塑料薄膜闷盖3天后揭膜，待气体散尽后播种；或用72.2%霜霉威水剂400倍液消毒；或按每平方米苗床用15~30mg药土作床面消毒，方法为用8~10g的50%多菌灵与50%福美双混合剂（按1∶1混合），与15~30kg细土混合均匀撒在床面。

②有机蔬菜：苗床土消毒或选用近几年没有种过瓜类的肥沃田土和腐熟的有机肥配制育苗土，土肥比例为6∶4为宜。另外，利用已使用过的营养钵等育苗时，器具应用0.1%的高锰酸钾液喷淋或浸泡消毒。

7. 控温调湿

将相对湿度控制在80%左右，温度调至30℃以上，可以抑制霜霉病、角斑病、炭疽病及白粉病等病害的发生。

8. 高温闷棚

若霜霉病较重可进行高温闷棚，闷棚前一天必须浇水，选择晴天中午闭棚升温，使黄瓜生长点部位温度迅速升到42~45℃，保持2h，以钙化病斑，然后多点放风，慢慢降温，当降至25℃时再闭棚，10d左右可再处理1次。注意闷棚前将温度计校正准确，悬挂于与黄瓜生长点平行的位置。

9. 科学管理

①控制湿度：高畦覆膜栽培，定植后采用膜下暗灌或滴灌，注意排水。晴天上午浇水，浇后闭棚室升温，40℃左右保持1~2h，放风排湿，待温度降低到25℃时，再闭棚升温、排湿，以防止叶片上形成水珠和水膜。

②适时播种：露地黄瓜适期早播，尽量使易感病（疫病）的苗期错过降雨高峰。

③清园：及时摘除凋谢雌花、病叶。

10. 药剂防治

（1）无公害农产品、绿色食品蔬菜

①霜霉病发病初期用80%代森锰锌可湿粉剂500倍液，或65%甲霜灵可湿1 000倍粉剂喷雾，每年最多使用1次，安全间隔期为14d，或72%普力克可湿性粉剂1 000~1 500倍液，每季最多使用3次，安全间隔期为7d。

②灰霉病发病初期，喷施65%甲霉灵可湿性粉剂800倍液，或50%腐雷利可湿性粉剂800倍~1 000倍液，或50%异菌脲可湿粉剂1 000倍液。

③白粉病发病初期，可使用4%农抗120水剂400倍液或70%甲基托布津可湿性粉剂800倍液，每季最多使用1次，安全间隔期为10d，或10%世高水分散粒剂2 000倍液喷雾。

④细菌性角斑病发病初期，用53. 8%可杀得2000干悬浮剂

1 000 ~ 1 200倍液，或47%加瑞农可湿性粉剂800倍液，每季最多使用5次，安全间隔期为1d，隔7 ~ 10d使用1次，连续防治2 ~ 3次，采收前7d停止用药。

⑤疫病于发病初期，用72%克露可湿性粉剂800倍液，或50%甲霜铜可湿性粉剂500 ~ 600倍液，5 ~ 7d喷施1次，连续2 ~ 3次。

注意，绿色食品蔬菜生产要求“每种化学合成农药在一种作物的生长期内只允许使用一次”，因此必须轮换用药。

（2）有机蔬菜

①发病初期，喷施70%印楝油，稀释100 ~ 200倍使用，安全间隔期为7 ~ 10d，对白粉病、霜霉病、炭疽病、灰霉病等均有明显防效。

②霜霉病、灰霉病发病初期喷施1%蛇床子素水剂800倍液，如发病较重则喷施500倍液，如病情严重可连续喷洒2 ~ 3次，间隔3 ~ 5d施药1次，叶片正反面均匀喷雾完全润湿至稍有液滴即可，安全间隔期5 ~ 7d。霜霉病防治还可用少量式波尔多液喷雾，伸蔓期以前使用240 ~ 300倍，结瓜期以后用200 ~ 240倍液。

③白粉病防治，于发病初期，喷施碳酸氢钠500倍液，隔3d喷施1次，连续4 ~ 5次，既防白粉病，又可分解出二氧化碳，提高产量，也可用于炭疽病防治；或用40%多硫悬浮剂500倍液喷雾；可湿性硫黄粉300倍液喷雾；0. 1 ~ 0. 2°Bé石硫合剂喷雾效果亦佳。

④细菌性角斑病防治：发病初期1∶2∶300波尔多液，每7d喷施1次，连续3 ~ 4次。炭疽病防治：发病初期，叶面喷施500倍碳酸氢钠水溶液，每3d使用1次，连续5 ~ 6次。

二、西葫芦主要病害及安全防控技术

（一）西葫芦主要病害

西葫芦主要病害见表3-7。

表3-7　西葫芦主要病害

病害名称及病原菌	田间诊断	传播途径	流行条件	关键控制点
白粉病（*Sphaerotheca fuliginea*）	叶片及幼茎病部出现近圆形小粉斑，后期病叶布满白粉，其上出现黄褐色、黑色小粒点	病原菌主要以菌丝和分生孢子或闭囊壳（寒冷地区）在寄主上越冬或越夏，翌年产生分生孢子借气流传播	发病适温16～24℃，最适相对湿度为75%，温度高于30℃，湿度超过95%，则病情受到抑制；棚温10～25℃均可发生病害；高温干燥和潮湿交替出现利于病害发展，植株生长衰弱，病情严重	控制湿度（低湿）、温度（高温）
灰霉病（*Botrytis cinerea*）	多从凋谢雌花侵入，进而危害幼瓜，蒂部水渍状软化，病部表面密生灰绿色霉层，果实萎缩、腐烂，有时长出黑色菌核	病原菌主要以菌核或菌丝体随病残体在土壤中越冬，翌年产生分生孢子借气流、雨水和农事操作等进行传播	4～31℃条件下均可发病，适宜发病温度15～27℃，相对湿度在90%以上，发病最快；连阴天气，温度不高，棚内湿度大，结露持续时间长，放风不及时，利于发病	控制湿度
病毒病（CMV等）	病叶褪绿、斑驳、畸形；植株明显矮化，结瓜减少，瓜面具瘤状突起；也为害黄瓜、南瓜等蔬菜	主要由蚜虫、守瓜等昆虫及枝叶摩擦传播；此外，种子带毒也会成为侵染源	高温干旱、未适时定植以及有利于蚜虫发生的条件都能加重病情	控制蚜虫及守瓜类害虫；种子消毒
软腐病（*Erwinia carotovora* subsp. *Carotovora*）	果实病害，病部初呈水渍状，后迅速软化、腐烂，具臭味	病原菌随病残体在土壤中越冬，翌年借雨水、灌溉水及昆虫传播，由伤口侵入	病原菌发育适温25～30℃，最高40℃，最低2℃，50℃经10min致死；阴雨天或露水未干时整枝打杈，或虫伤多则发病重，前茬为十字花科作物发病重	减少伤口；控制湿度

（二）西葫芦病害安全防控技术

1. 品种选择

选择抗性品种，提倡使用抗性强的本地品种。

2. 合理轮作

与非葫芦科、十字花科蔬菜轮作2～3年，病重地区宜与葱蒜类蔬菜轮作。

3. 种子处理

55～60℃温汤浸种15～20min，或用800～1 000倍高锰酸钾溶液浸种20min，然后冲净再催芽，不仅起到杀灭真菌的良好效果，而且对病毒病及细菌性病害有良好的防效。

4. 硫黄熏蒸

设施栽培时，可于定植前利用硫黄熏蒸进行室内及土表消毒：将硫黄粉与2倍锯末混匀（每667m^2用硫黄粉1.0～1.5kg），置于几个小花盆内，分若干处点燃，密闭熏闷24h，通气1d后种植，可防治白粉病、灰霉病、软腐病等病害。

5. 土壤消毒

将黑矾（$FeSO_4 \cdot 5H_2O$）均匀撒在土表，然后翻入土壤。一般每667m^2棚室用12.5～25kg，可防治灰霉病。每667m^2棚室土壤施用生石灰100kg或高锰酸钾2～2.5kg进行土壤消毒，可以防治软腐病。

6. 嫁接育苗

西葫芦子叶平展，第一片真叶微露时，采用靠接法嫁接，砧木可选用亲和力强的黑籽南瓜，能够显著提高植株的抗病性。

7. 科学管理

①控制湿度：合理密植，结合高垄覆膜和吊蔓栽培，增加通风透光率，减少棚室内湿度；禁止大水漫灌，注意通风透光，雨后及时排水。

②清园：发现病株随时摘除，并撒石灰或淋灌病穴。幼果闭花

3d后，开始摘除雌花及凋谢雄花，及时清除感病的花、果，摘除病叶及植株下部老叶，于棚室外集中销毁，摘除生有霉层的病部时，应先用塑料袋套住发病部位再行清除，可以减少灰霉病的发生。

8. 药剂防治

（1）无公害农产品、绿色食品蔬菜

①白粉病发病初期，每667m^2用三唑酮25%可湿性粉剂12～15g配制成2 500～3 000倍液，喷施；保护地内可用百菌清45%烟剂（安全型），667m^2用量110～180g，或腐霉利10%烟剂，667m^2用量200～250g，进行熏烟。

②灰霉病发病初期，667m^2用速克灵50%可湿性粉剂20～40g配制成1 000～2 000倍液，或用扑海因50%可湿性粉剂20～30g配制成1 500～1 800倍液喷施；保护地内可用百菌清45%烟剂（安全型），667m^2用量110～180g，或腐霉利10%烟剂，667m^2用量200～250g，进行熏烟。

注意，绿色食品蔬菜生产要求“每种化学合成农药在一种作物的生长期内只允许使用一次”，因此，必须轮换用药。

（2）有机蔬菜

参见本节“黄瓜主要病害安全防控技术”。

第四节　豆科蔬菜主要病害及安全防控技术

一、菜豆主要病害及安全防控技术

（一）菜豆主要病害

菜豆主要病害见表3－8。

表 3-8　菜豆主要病害

病害名称及病原菌	田间诊断	传播途径	流行条件	关键控制点
根腐病（*Fusarium solani* f. *phaseoli*）	主根、地下茎初呈红褐色病斑，后至黑色，病部略凹陷，有时深入皮层；植株感病后，早期症状不明显，开花结荚后，叶片自下而上变黄，但不脱落，严重时整株死亡；也为害豇豆	病原菌以菌丝体随病残体在土壤中越冬，借助带菌肥料、农具、雨水及灌溉水等传播，自伤口侵入	病原菌发育适温30℃左右，高温、高湿利于病害发生；高温多雨季节、菜田排水不良、连作地发病重	土壤消毒
炭疽病（*Colletotrichum lindemuthianum*）	幼苗发病，子叶出现深褐色圆形溃疡斑；叶部病斑黑褐色多角形，多位于叶背的叶脉上；茎上病斑锈褐色，长梭形，略凹陷；豆荚感病，初为褐色小点，后扩大成近圆形黑褐色病斑，中部稍凹陷，边缘具红色晕圈，潮湿时产生大量粉红色黏稠状物；种子受害，产生大小不一的不规则黄褐色至褐色溃疡斑	病源菌主要以休眠菌丝潜伏在种皮下越冬，也可随病残体在土壤中越冬；播种带菌种子，可直接为害子叶及幼茎，翌年病部产生的分生孢子借风、雨、昆虫传播，从寄主的表皮或伤口侵入，引起再侵染；在叶片上先从叶脉侵入；在荚上能穿透荚壳进入种皮，病菌侵入豆荚后，在贮运过程中仍可继续发展	发病适温约17℃，适宜湿度为100%；温度高于27℃，湿度低于92%时，病害很少发生；夏秋季节冷凉多雨，发病重；重茬、高湿地块发病重；品种间抗病性也有差异，一般矮生种和欧洲种抗病性较弱，蔓生种、东北种及朝鲜种抗病性较强	种子消毒；控温（高温）调湿（低湿）
细菌性疫病（*Xanthomonas campestnis* pv. *phaseoli*）	病部初呈暗绿色油渍状小斑，后扩大为不规则深色病斑，周围具黄色晕圈，病叶干枯，潮湿时，常有淡黄色黏液溢出；发病严重时，全叶干枯，远看似火烧状，导致整个植株死亡；也为害豇豆、扁豆等蔬菜	病原菌潜伏于种子内越冬，翌年直接侵染幼苗发病，菌脓借气流、雨水或昆虫传播，自蔬菜气孔、伤口等处侵入	病原菌发育适温约30℃；发病温度24~32℃，高湿利于发病；夏季连续阴雨、多雾、闷热潮湿或暴风雨天气，易于发病；温度在36℃以上时，病菌侵染受到抑制	种子消毒；控制湿度

（续表）

病害名称及病原菌	田间诊断	传播途径	流行条件	关键控制点
病毒病（Bean common mosaic virus，Bean yellow mosaic virus，Cucumber mosaic virus-phaseoli）	初期幼叶退绿，以后再生的新叶，表现为花叶或条斑状叶，严重时叶片畸形；植株生长缓慢，可整株枯死；也为害豇豆、扁豆及豌豆等	汁液及蚜虫传毒，主要包括菜蚜、豆蚜、棉蚜和桃蚜等	温度高于28℃或低于18℃，症状受抑制；蚜虫数量多，病情严重；干旱少雨发病重	控制蚜虫
锈　病（*Uromyces appendiculatus*）	病叶初生黄白色斑点，后扩大为黄褐色隆起病斑，破裂后散发红褐色粉状物，生长后期病斑黑色，破裂后散发黑色粉状物；病斑以叶背居多，也侵染叶柄、茎及豆荚；也为害扁豆	病原菌主要以冬孢子随病残体在土壤中越冬，翌年产生担孢子借气流传播侵染蔬菜，在叶片背面生成锈孢子、夏孢子，夏孢子借气流传播，进行重复侵染	高温、高湿利于发病	控制湿度

（二）菜豆主要病害安全防控技术

1. 品种选择

结合各地区生产特点，选择具有抗性的品种：通常蚜虫偏嗜茎、叶无毛的品种；深色茎、花及花皮豆荚的品种较抗炭疽病等。

2. 合理轮作

根腐病、炭疽病等发病严重田块，与非豆科蔬菜实施3年以上轮作。

3. 种子处理

40%多硫悬浮剂50倍液浸种2h，再用清水冲洗干净后播种，防治炭疽病、枯萎病。

4. 科学管理

控制湿度：改平畦为起垄栽培，合理确定种植密度；保护地采取地膜覆盖，晴天上午浇水，小水勤浇，膜下暗灌，浇水后及时排湿。清园：及时摘除失去功能的病老叶片，发现病株立即拔除，田外销毁。炭疽病严重的菜田，不要用旧的豆架秆搭架，以减少该病的初侵染来源。

5. 药剂防治

（1）无公害农产品、绿色食品蔬菜

①炭疽病发病初期用75%百菌清可湿性粉剂600倍液，或50%甲基托布津可湿性粉剂500倍液每5～7d喷施一次，连续2次。

②锈病发病初期用50%萎锈灵乳油800～1 000倍液，或25%粉锈宁可湿性粉剂2 000倍液，每7d左右喷一次，连续2次。

③新植霉素4 000～5 000倍液或多抗霉素400倍液，每5～7d使用1次，连续2次，可防止细菌性疫病。

注意，绿色食品蔬菜生产要求“每种化学合成农药在一种作物的生长期内只允许使用一次”，因此必须轮换用药。

（2）有机蔬菜

①细菌性疫病防治：发病初期500～800倍高锰酸钾水溶液喷雾，每7d喷施1次，连续2～3次。

②锈病防治：发病初期，50%多硫悬浮剂300倍液喷雾防治，或喷施500倍碳酸氢钠水溶液，每3d使用1次，连续5～6次。

③炭疽病防治：发病初期立即喷药，石灰半量式（硫酸铜：石灰：水＝2：1：100）波尔多液每667m^{2}喷药液50～60kg，苗期一般喷施2次，结荚期喷1～2次，每次间隔时间7d左右。喷药重点为近地表的豆荚。

④病毒病防治：苦参碱或除虫菊素800～1 200倍液，防治蚜虫以防止病毒病传播。

二、豇豆主要病害及安全防控技术

（一）豇豆主要病害

豇豆主要病害见表3-9。

表3-9　豇豆主要病害

病害名称及病原菌	田间诊断	传播途径	流行条件	关键控制点
锈　病（*Uromyces vignae*）	叶片病部初呈褪绿色黄白小斑，后扩大为红褐色病疤，略隆起，具晕圈；破裂后散发红褐色粉末状物（夏孢子）；生长后期，产生黑色病疤，内含黑色粉末状物（冬孢子）	病原菌以冬孢子随病残体越冬，翌年产生担孢子借气流传播，通过芽管侵入叶片，产生夏孢子随气流传播，重复侵染为害	夏孢子萌发、侵入需要高湿条件；日均温度24℃，且多雨时，此病易流行；长期连作、地势低洼、种植过密地块发病重	选择抗性品种；控制湿度
煤霉病（*Cercospora vignac*）	叶片病部两面初呈红色至紫褐色小点，后扩大为近圆形或多角形斑，直径0.5～2.0cm，病健交界不明显；湿度大时病斑表面密生煤烟状霉层，叶背较明显，收获前发病最重	病原菌以菌丝体及分生孢子随病叶越冬，翌年产生分生孢子借气流传播，通过芽管自气孔侵入为害	发育温度7～35℃，最适温度30℃，抗逆性较强；高温高湿有利发病，6～7月雨多发病严重；植株下部成熟、衰老叶片发病重	轮作；合理施肥，提高植株抗病力
疫　病（*Phytophthora vignae*）	枝蔓病部初呈水渍状，色暗，绕茎一周，病部缢缩，导致上端枯死；叶部病斑水渍状，后扩大为近圆形褐色斑；豆荚病斑不规则；叶片、豆荚病斑后期产生稀疏白色霉层	病原菌主要以卵孢子随病残体在土壤中越冬，翌年卵孢子萌发产生游动孢子，借气流、雨水传播	病原菌发育适温25～28℃；夏季潮湿多雨或连阴雨转晴后，病害易流行；地块低洼、排水不良、栽培过密等田块发病重	控制湿度

（续表）

病害名称及病原菌	田间诊断	传播途径	流行条件	关键控制点
豇豆花叶病（Cowpea mosaic virus）	病叶产生明脉、褪绿，继而呈现花叶（畸形、枯死），严重时病株生育缓慢、矮小，开花结荚少；也为害菜豆、豌豆和黄瓜等	棉蚜、桃蚜为主要传播媒介，汁液亦可传毒，带毒种子为翌年的初侵染源	气温20～25℃时利于显症，28℃以上呈重型花叶、卷叶、矮化；蚜虫（尤其是有翅蚜）大发生是致病的主要原因，此外，品种间也存在一定的差异，矮生种较蔓生种抗病	控制蚜虫；种子消毒

（二）豇豆主要病害安全防控技术

1. 品种选择

因地制宜根据地方生产特性选择适宜的抗性品种。

2. 合理轮作

与非豆科作物进行2年以上轮作。

3. 科学管理

①选用无病种子：建立无病留种田或从无病植株上留种。

②控制湿度：降低棚室空气湿度，增强光照注意通风换气，合理密植，也可以用地膜覆盖，膜下暗灌，滴灌，降低湿度保证叶片不结露无水滴；及时搭架、引蔓，结荚期间适量浇水，注意防渍。

③间套作：夏（秋）播种宜选较凉爽地块种植，或者与小白菜、大蒜等间作套种。

④清园：发病初期及时摘除病叶，收获后及时清除病残体集中处理，并进行深翻。

4. 药剂防治

煤霉病防治：发病初期喷施40%多硫悬浮剂800倍液，隔10d喷施1次，连续2～3次。

其余病害防治参见本节“菜豆主要病害安全防控技术”。

第五节 其他蔬菜主要病害及安全防控技术

一、伞形科蔬菜胡萝卜的主要病害及安全防控技术

(一) 胡萝卜主要病害

胡萝卜主要病害见表3－10。

表3－10 胡萝卜主要病害

病害名称及病原菌	田间诊断	传播途径	流行条件	关键控制点
黑斑病(*Altemaria dauci*)	病叶尖端或边缘呈不规则深褐色至黑色斑，湿度大时密生黑色霉层，严重时病斑汇合，叶缘上卷，叶片早枯；茎、花柄病部产生长圆形黑褐色稍凹陷病斑，易折断	病原菌以菌丝或分生孢子在种子或病残体上越冬，成为翌年初侵染源；新病斑上产生的分生孢子通过气流、雨水传播，从寄主表皮或气孔中直接侵入	发病适温28℃左右；阴雨多湿年份及秋季多露或低温时病害易流行	控温、调湿
软腐病(*Erwinia carotovora pv. carotovora*)	病叶黄化、萎蔫，或整株突然萎蔫青枯；根茎病部初为水渍状，后呈黏滑软腐状，腐烂汁液外溢具恶臭；主要为害地下部肉质根，田间或贮藏期均可发生	病原菌主要潜伏在病根组织内或随病残体在土壤、土杂肥内越冬，翌年随昆虫、灌溉水、雨水从寄主伤口侵入，扩展蔓延	伤口多（病虫害创伤，农事操作机械损伤），病菌易侵入；地势低洼、排水不良、土壤黏重、施用未经腐熟的肥料、连作等地块，病害发生严重	控制地下害虫；控湿
病毒病(CMV、CeMV等)	病叶初呈明脉、花叶，以后叶柄缩短，叶片皱缩畸形	病毒在田间病株、杂草、土壤和种子中越冬，通过蚜虫（桃蚜、萝卜蚜等）和田间操作接触传播	温度高、干旱的地块利于发病；田间作业，病株、健株相互摩擦，亦可加重发病	种子消毒；控制蚜虫

（续表）

病害名称及病原菌	田间诊断	传播途径	流行条件	关键控制点
黑腐病（*Alternaria radicina*）	叶片病斑近圆形，暗褐色，严重时导致枯死；茎上病斑多为梭形或长条形，边缘不明显；肉质根染病多于根头形成不规则或近圆形的凹陷黑色斑，严重时内部腐烂变黑；潮湿条件下，病斑表面密生黑色霉状物	病原菌主要以分生孢子或菌丝体在肉质根或病残体上越冬，翌春产分生孢子借气流、雨水传播，进行再侵染	高温、高湿、植株过密，利于发病；在肉质根膨大期，若遭受地下害虫为害，造成伤口多及植株生长衰弱，也有利于病菌的侵染；窖贮胡萝卜多因残叶病株清除不净、带菌贮藏造成烂窖	控制地下害虫；减少机械损伤（收获时）；控制湿度

（二）胡萝卜病害安全防控技术

1. 合理轮作

避免与茄科、十字花科、葫芦科、伞形科蔬菜连作，与葱蒜类蔬菜及禾本科作物进行2~3年轮作。

2. 种子消毒

50℃温汤浸种30min，或60℃下干热处理6h，然后播种，可以减轻黑腐病、黑斑病等病害为害。

3. 科学管理

①控制湿度：选地势高燥、通风、排水良好的地块。

②清园：发病初期及时清除病叶、病株，病穴撒石灰消毒。

③减少伤口：防治蚜虫、跳甲，减少农事操作（如收获）时的机械损伤。

④合理贮藏：窖贮前彻底清除窖内杂物，贮存时取新鲜河沙填充胡萝卜间，并严格去除病株。

4. 药剂防治

（1）无公害农产品、绿色食品蔬菜

①黑斑病发病初期，使用75%百菌清可湿性粉剂600倍液或50%扑海因可湿性粉剂1 500倍液，每10d喷施1次，连续

2~3次。

②黑腐病发病初期，选用47%加瑞农可湿性粉剂600~800倍液，每10d喷施1次，连续2次。

注意，绿色食品蔬菜生产要求“每种化学合成农药在一种作物的生长期内只允许使用一次”，因此必须轮换用药。

（2）有机蔬菜

发病初期喷施500~800倍高锰酸钾水溶液，每7~10d使用1次，连续防治2~3次，有效防治软腐病、病毒病等多种病害。

二、菊科蔬菜莴苣的主要病害及安全防控技术

（一）莴苣主要病害

莴苣主要病害见表3-11。

表3-11　莴苣主要病害

病害名称及病原菌	田间诊断	传播途径	流行条件	关键控制点
霜霉病（*Bremia lactucae*）	下部叶片（老叶）正面出现淡黄色近圆形或多角形病斑，湿度大时，病斑背面产生白色霉层，后期病斑褐色干枯；多自下而上蔓延	病原菌以菌丝体随病残体在土壤中越冬，翌年产生孢子囊借气流或雨水传播，自寄主叶片气孔侵入	侵染适温15~17℃，孢子囊萌发适温10℃左右；连续阴雨天气（低温高湿）利于发病；栽植过密、定植后浇水过早过多、排水不畅、通风透光条件差的地块发病重	适时播种；控制湿度
灰霉病（*Botrytis cirnereaper-soon*）	叶片多自下而上发病，初呈淡褐色水浸状斑，常自叶尖向下蔓延，病叶基部红褐色，具灰色霉层，其后病株茎基部褐色软腐，引起上部茎叶凋萎；结球莴苣可延伸至内部叶片，引起腐烂；也为害茄果类及黄瓜等蔬菜	病原菌主要以菌核及分生孢子（温暖地区）随病残体在土壤中越冬，翌年菌核萌发产生菌丝体，通过分生孢子借气流传播，自伤口、衰弱或坏死组织等处侵染	病原菌发育适温20~25℃，分生孢子萌发适宜温度为20~23℃，相对湿度大于90%利于发病；通常茎用莴苣比叶用莴苣抗性强；管理不当、植株长势弱或过旺、田间郁蔽、排水不畅田块发病重	控制湿度

（续表）

病害名称及病原菌	田间诊断	传播途径	流行条件	关键控制点
菌核病（*Sclerotinia sclerotiorum* Lib. de Bary）	病部多位于结球莴苣茎基部或茎用莴苣基部，呈褐色水渍状腐烂，湿度大时病部表面密生棉絮状白色菌丝体，后形成菌核；菌核初为白色，后逐渐变成鼠粪样黑色颗粒状物；也为害白菜类、番茄等蔬菜	病原菌主要以菌核随病残体在土壤中越冬，翌年产生子囊孢子借气流传播侵染；田间再侵染主要是通过病株、健株接触及农事操作进行	病原菌发育适温20℃；15～24℃，相对湿度85%以上，发病重；连作、种植密度过大，通风透光条件差，地势低洼，排水不良田块发病重	控制湿度
叶枯病（*Septoria lactucae*）	叶部病斑深褐色，不规则，直径约2～5mm，表面散生黑色小颗粒，后期病组织脱落呈穿孔状；下部老叶通常先发病	病原菌以分生孢子器在病叶上越冬，翌年产生分生孢子借雨水传播	连作、排水不良田块发病重	清园；控制湿度
花叶病（CMV，Lettuce mosaic virus，Dandelion yellow mosaic virus）	苗期叶片现出淡绿或黄白色不规则斑驳，叶缘不整齐，出现缺刻、明脉，后逐渐现出黄绿相间的斑驳或不明显的褐色坏死斑点及花叶；成株染病症状有的与苗期相似，有的细脉变褐，出现褐色坏死斑点，或叶片皱缩，叶缘下卷成筒状，植株矮化	汁液摩擦、蚜虫（桃蚜、棉蚜、萝卜蚜）及种子带毒均可传病	高温干旱、蚜虫多，易发病；旬均温18℃以上，病害扩展迅速	控制蚜虫；种子处理

（二）莴苣病害安全防控技术

1. 品种选择

根据当地生产特性，选择栽培抗性品种。

2. 合理轮作

与瓜类等非寄主蔬菜实行轮作，菌核病严重地区避免与白菜类及番茄等蔬菜连作，重病田实施2年以上轮作。

3. 种子处理

选用无病种子；播种前用50℃的温汤浸种10min，可有效杀灭部分病菌。

4. 科学管理

①控制湿度：起垄栽培，及时排除田间积水，合理密植保持通风透光。莴苣封行前，晴天应早晚淋水，保持土壤湿润；封行后可减少淋水，并及时除去下部老叶，保持畦面干爽。

②清园：发病初期，及时拔去中心病株；收获后将病残体彻底清除并集中深埋销毁。

5. 药剂防治

（1）无公害农产品、绿色食品蔬菜

①霜霉病发病初期，喷施58%甲霜灵锰锌可湿性粉剂500倍液，每7d使用1次，连续2~3次。

②灰霉病发病初期，使用50%扑海因可湿性粉剂1 000倍液，或50%乙烯菌核利可湿性粉剂1 000倍液，每7d使用1次；连续2~3次。

注意，绿色食品蔬菜生产要求“每种化学合成农药在一种作物的生长期内只允许使用一次”，因此必须轮换用药。

（2）有机蔬菜

①发病初期喷施500~800倍高锰酸钾水溶液，每7d喷施1次，连续2~3次，可有效防治霜霉病、灰霉病、菌核病等病害。

②苦参碱、除虫菊素800~1 200倍喷施，防治蚜虫。

第四章　蔬菜常见虫害安全防控关键技术

对于虫害防治而言，应根据不同害虫的为害特点，采取相应的防治措施。

以同翅目为主的刺吸类害虫，个体小，数量大，繁殖快，多生活在叶背、叶腋、腋芽及寄主中下部等较为隐蔽的地方，粉虱类害虫还具有蜡质外壳，给药剂防治带来一定的难度。防治策略：在生产中应以“预防为主”为指导思想，以农业防治措施为基础，加强生物防治的力度并在掌握害虫生物学特性的基础上选择其薄弱环节进行有效的药剂防治，才能达到理想的效果。

食叶类害虫主要包括鞘翅目的各类叶甲及鳞翅目害虫的幼虫，该类害虫直接吞食叶片，食量大，鳞翅目害虫老龄幼虫常具有暴食性，危害性强，一旦暴发，损失不可挽回。此类害虫体形大，叶甲类成虫多具假死及趋光性，鳞翅目害虫幼虫移动缓慢，幼龄时多有群集性且卵、茧及护囊等较为明显，易发现，为药剂防治和人工捕杀创造了有利条件。其防治策略为：利用趋性诱杀成虫，在大发生时点、片进行药剂防治。另外，天敌对该类害虫的控制作用较为明显，应注意保护有机蔬菜生产基地周围的生态环境。

潜叶蝇等潜叶类害虫个体较小，初期不易发现，潜叶后药剂不易接触，防治效果不明显。其防治策略为：加强卵期、成虫期的防治，利用趋性诱杀成虫。

根蛆等地下害虫的幼虫潜伏土中为害，不易及时发现，又有土壤作为保护性屏障，增加了防治难度。另外由于地下害虫长期生活于土壤中，受环境条件的影响和制约，土壤的理化性状对其分布和生命活动有直接影响。应以“生物防治与农业防治相结合、播种期防治与生长期防治相结合、防治成虫与防治幼虫相结合”为主要防治策略，综合利用控制土壤湿度、诱杀成虫、灌根消灭幼虫等措施进行防治。

第一节　刺吸类害虫安全防控技术

刺吸类害虫是有机蔬菜生产中最主要也是最难防治的一类害虫，在设施栽培中尤为如此。常见刺吸类蔬菜害虫包括蚜虫和粉虱。

一、蔬菜蚜虫及其安全防控技术

（一）蔬菜蚜虫

常见蔬菜蚜虫种类的特征、习性与关键控制点见表4－1。

表4－1　蔬菜蚜虫的特征、习性与关键控制点

名　称	形态特征	主要寄主	生物学特性	关键控制点
桃　蚜（*Myzus persicae* Sulzer）	无翅胎生雌蚜：体长约2mm，黄绿色或洋红色，腹管长筒形，长为尾片的2～3倍，尾片两侧各具3根曲毛	十字花科蔬菜，如白菜、萝卜、甘蓝、花椰菜、卷心菜等	一年多代，以无翅孤雌蚜在温室，冬贮蔬菜及田间隐蔽处越冬，翌年春季产生有翅蚜，迁飞菜田为害，发育适温24℃，高温不利发育，北方地区呈春秋2个发生高峰，对黄色有强烈趋性，对银灰色呈负趋性	加强预测报，及时防治

（续表）

名　称	形态特征	主要寄主	生物学特性	关键控制点
萝卜蚜（*Lipaphis erysimi* Kaltenbach）	无翅胎生雌蚜：体长约2.3mm，灰绿至墨绿色，被薄粉，腹管较短，其末端达尾片基部，尾片两侧各有4～6根长毛	十字花科蔬菜，偏嗜白菜、萝卜、芥菜、甘蓝、花椰菜等	一年多代，以卵越冬，温室或温暖地区无明显越冬现象，发育适温15～26℃，秋白菜、萝卜田发生较重；对黄色有强烈趋性，对银灰色呈负趋性	加强预测报，及时防治
甘蓝蚜（*Brevicoryne brassicae* Linnaeus）	无翅胎生雌蚜：体长约2.5mm左右，暗绿色，被白色蜡粉，腹管短于尾片，尾片近似等边三角形，两侧各有长毛2～3根	十字花科蔬菜如甘蓝、花椰菜、白菜、萝卜、卷心菜等	一年多代，以卵在留种或冬贮蔬菜上越冬，发育适温16～17℃，偏嗜叶片光滑，蜡质较厚的蔬菜，春、秋茬甘蓝、花椰菜栽培面积大时，易暴发；对黄色有强烈趋性，对银灰色呈负趋性	加强预测报，及时防治
瓜　蚜（*Aphis gossypii* Glover）	无翅胎生雌蚜：体长1.5～1.9mm，黄绿至深绿色，覆薄蜡粉，腹管圆筒形，黑色，尾片两侧各具毛3根	葫芦科、豆科、茄科、十字花科、锦葵科等，以黄瓜、南瓜、西葫芦等瓜类受害较重	一年多代，以卵越冬，温室中可以周年繁殖；发育适温16～22℃，高温高湿不利繁殖；对黄色有强烈趋性，对银灰色呈负趋性	加强预测报，及时防治
豆　蚜（*Aphis craccivora* Koch）	无翅胎生雌蚜：体长约2mm，黑色或黑绿色具光泽，覆薄蜡粉，腹管较长，末端黑色	蚕豆、豌豆、豇豆、菜豆、扁豆、苜蓿、紫云英、苕子等豆科作物	一年多代，北方地区以无翅胎生雌蚜越冬，温暖地区无越冬现象，发育适温24～26℃，春、秋季节易暴发，对黄色有强烈趋性，对银灰色呈负趋性	加强预测报，及时防治

（二）蔬菜蚜虫安全防控技术

1. 茬口安排

合理掌握播期，以避开蚜虫危害高峰期；夏季适当减少十字花科蔬菜栽培面积。

2. 物理防治

蔬菜苗期及有翅蚜迁飞期，苗床或田间铺设银灰色塑料膜，驱避蚜虫；菜田设置黄板诱杀蚜虫，每 7 ~ 10m^2 一块黄板，悬挂在距作物顶端 20cm 处，方向与作物畦面同向；黄板粘满害虫后，及时更换；有条件地区利用防虫网育苗或生产。

3. 科学管理

结合春菜收获，清洁田园，彻底铲除田内外杂草，及时处理残株败叶，以减少虫源；结合间苗去掉带虫苗等，减少田间蚜量及其为害。

4. 保护天敌

重视有机菜田生态环境建设，保护并释放瓢虫、蚜茧蜂、小花蝽、草蛉等天敌。

5. 药剂防治

（1）无公害农产品、绿色食品蔬菜

可使用 2.5% 溴氰菊酯乳油或 10% 吡虫啉可湿性粉剂等 2 000 ~ 3 000倍液喷施，安全间隔期分别为 2d 和 7d。注意，绿色食品蔬菜生产要求“每种化学合成农药在一种作物的生长期内只允许使用一次”，因此必须轮换用药。

（2）有机蔬菜

喷施 70% 印楝油稀释 100 ~ 200 倍，安全间隔期为 7 ~ 10d；苦参碱或除虫菊素 800 ~ 1 200倍液喷雾，重点在心叶和叶背。注意提早防治，蚜虫数量多时，可添加 200 倍竹醋液，效果更好；安全间隔期 1 周。

二、蔬菜粉虱及其安全防控技术

（一）蔬菜粉虱

常见种类蔬菜粉虱的特征、习性与关键控制点见表 4 – 2。

表 4－2　蔬菜粉虱的特征、习性与关键控制点

名　称	形态特征	主要寄主	生物学特性	关键控制点
温室白粉虱（*Trialeurodes vaporariorum* Westwood）	成虫：体长约 1.0mm，翅展 2.6mm，雌虫略大，体黄色，前翅脉有分叉，左右翅合拢平坦； 蛹：蛹壳边缘厚，蛋糕状，周缘排列有均匀发亮的细小蜡丝	主要为害茄科、豆科及葫芦科蔬菜，如番茄、茄子、菜豆、黄瓜等	一年多代，以各种虫态在温室内越冬；成虫具趋嫩性，喜产卵于作物顶部嫩叶，若虫及伪蛹覆厚蜡层，难于药剂防治；当与其他粉虱混合发生时，多分布于高位嫩叶；发育适温 18～21℃	合理安排茬口，切断食物来源；秋季严防成虫进入温室，春季严防成虫向露地扩散；培育无虫苗
烟粉虱（B 型）（*Bemisia tabaci* Gennadius）	成虫：体长约 0.9mm，翅展 2.1mm，雌虫略大，体淡黄色到白色，前翅脉无分叉，左右翅合拢成屋脊状； 蛹：蛹壳边缘扁薄或自然下陷，无周缘蜡丝	主要为害茄科、豆科、菊科、葫芦科及十字花科蔬菜，如茄子、番茄、甜椒、菜豆、莴苣、黄瓜、芥蓝、甘蓝、花椰菜等	一年多代，以各种虫态在温室内越冬；成虫具趋嫩性，产卵于作物顶部的嫩叶，若虫及伪蛹覆厚蜡层，难于药剂防治；较温室白粉虱耐高温	合理安排茬口，切断食物来源；秋季严防成虫进入温室，春季严防成虫向露地扩散；培育无虫苗

（二）粉虱类害虫安全防控技术

1. 合理轮作

设施栽培中，头茬可选择较耐低温且粉虱类害虫不喜食的伞形科、百合科的蔬菜（如芹菜、韭黄等与黄瓜、番茄等）进行轮作。

2. 适时播种

粉虱类害虫的发生高峰在秋季。设施蔬菜应合理安排播期，进行秋季延迟栽培或秋冬茬栽培、越冬茬栽培或春季早熟栽培，避开粉虱类害虫的发生高峰。

3. 培育“无虫苗”

利用防虫网育苗，秋季选用 24～30 目的防虫网，全程覆盖育苗，不仅可以防虫，还有遮阳、防暴雨冲刷的作用。加强苗期管理，把育苗棚和生产棚分开。育苗前和栽培前要彻底消灭棚室内的残虫，清除杂草和残株，通风口用尼龙纱网密封，控制外来

粉虱进入。

4. 高温闷棚

夏季高温时，可于棚室浇水后闷棚 1 ~ 1.5h，注意温度不能超过 38℃，否则会对作物造成伤害。

5. 黄板诱杀

将黄板悬挂或插在植株间，每 7 ~ 10m^2 一块黄板，悬挂在距作物顶端 20cm 处，方面与作物畦面同向；黄板粘满害虫后，及时更换。

6. 生物防治

有条件的地区可以释放丽蚜小蜂防治粉虱类害虫。粉虱成虫小于 0.5 头/株时，按每株 15 头丽蚜小蜂成蜂进行释放，每 2 周 1 次，连续释放 3 ~ 4 次。

7. 药剂防治

（1）无公害农产品、绿色食品蔬菜

2.5% 联苯菊酯乳油或 10% 吡虫啉可湿性粉剂 2 000 ~ 3 000 倍液喷雾，安全间隔期分别为 4d 和 7d。注意，绿色食品蔬菜生产要求“每种化学合成农药在一种作物的生长期内只允许使用一次”，因此必须轮换用药。

（2）有机蔬菜

粉虱类害虫的若虫及伪蛹上覆有较厚的蜡层，药剂不易深透，当以防治成虫为主，可选用苦参碱或除虫菊素 600 ~ 800 倍液喷雾或 5% 鱼藤酮可溶性液剂（成分为 5% 鱼藤酮和 95% 食用酒精）400 ~ 600 倍液喷雾。粉虱类成虫喜停息在作物顶端嫩叶背面，施药时注意叶片正反两面喷施，以顶端叶片反面为主；施药宜在早晨放风前、植株结露时进行，此时叶面潮湿，粉虱移动缓慢。粉虱类害虫世代重叠严重时，可每 5 ~ 7d 喷施 1 次，连续 2 ~ 3 次。瓜类、豆类蔬菜可结合打掉植株下部老叶（多为粉虱老龄若虫及伪蛹），集中棚室外销毁，效果更佳。

第二节　食叶类害虫安全防控技术

一、蔬菜猿叶虫及其安全防控技术

（一）蔬菜猿叶虫

常见种类蔬菜猿叶虫的特征、习性与关键控制点见表4－3。

表4－3　蔬菜猿叶虫的特征、习性与关键控制点

名　称	形态特征	主要寄主	生物学特性	关键控制点
小猿叶虫（*Phaedon brassicae* Baly）	成虫：体长约3.5mm，蓝绿色具金属光泽，鞘翅刻点纵向排列整齐，后翅退化不能飞翔； 幼虫：老熟时体长约7mm，体色灰黑略具黄色，各体节具8个黑色肉瘤	十字花科薄叶类蔬菜，如小白菜、萝卜、菜心、芥菜、油菜等	一年多代，以成虫越冬，南方地区无越冬现象，卵散产于叶片上，以背面居多	避免十字花科（尤其是薄叶类）蔬菜连作；消灭越冬成虫
大猿叶虫（*Colaphellus bowringi* Baly）	成虫：体长约5mm，蓝黑色具金属光泽，鞘翅刻点粗大，排列不规则，后翅发达，飞翔能力较强； 幼虫：老熟时体长约7mm，体色灰黑略具黄色，各体节具多个大小不等的黑色小肉瘤	十字花科薄叶类蔬菜，如小白菜、萝卜、芥菜、油菜等	一年1～4代，以滞育成虫在土中越夏、越冬，土层15～20cm处数量集中；产卵成堆产于寄主根际地表；成虫、幼虫均具假死性	避免十字花科（尤其是薄叶类）蔬菜连作；消灭越冬、越夏成虫

（二）蔬菜猿叶虫安全防控技术

1. 合理轮作

避免十字花科尤其是薄叶类蔬菜的连作，切断害虫食物来源。

2. 科学管理

每茬蔬菜收获后，清除菜田残株、落叶，积肥或销毁，秋冬季节尤为重要。结合蔬菜换茬或除草等操作，进行土壤翻耕，消灭越冬、越夏成虫。

3. 人工捕杀

利用大猿叶虫成幼虫的假死性，可进行人工拍打振落捕杀。

4. 药剂防治

（1）无公害农产品、绿色食品蔬菜

2.5%溴氰菊酯乳油或2.5%联苯菊酯乳油或10%吡虫啉可湿性粉剂1 000～1 500倍液喷雾；安全间隔期分别为2d、4d和7d。注意，绿色食品蔬菜生产要求“每种化学合成农药在一种作物的生长期内只允许使用一次”，因此，必须轮换用药。

（2）有机蔬菜

稀释5%鱼藤酮可溶性液剂（成分为5%鱼藤酮和95%食用酒精）400～600倍液喷雾；此类害虫一般性活泼，善跳跃或飞翔，所以要在清晨和傍晚温度较低、害虫不活跃时施药，尽量喷洒到虫体表面。鱼藤酮类药剂安全间隔期为5～7d。

二、蔬菜黄条跳甲及安全防控技术

（一）蔬菜黄条跳甲

常见种类蔬菜黄条跳甲的特征、习性与关键控制点见表4－4。

表 4－4　蔬菜黄条跳甲特征、习性与关键控制点

名　称	形态特征	主要寄主	生物学特性	关键控制点
黄曲条跳甲 (*Phyllotreta striolata* Fabricius)	成虫：体长约 2mm，鞘翅黑色，中央各具一中部狭窄的黄色弯曲纵向条形斑，后足腿节膨大；幼虫：长圆筒形，老熟时体长约 4mm，黄白色，各节具不明显肉瘤，有细毛	寡食性，偏嗜萝卜、芥菜、菜心、白菜、芥蓝、油菜、甘蓝、花椰菜等十字花科蔬菜	一年多代，成虫食叶，幼虫于土中为害根部；北方地区以成虫在菜叶背面或残株落叶及杂草中越冬，华南地区无越冬现象，适温范围为 21～30℃；成虫敏感，善跳，有趋光性；卵散产于植株周围湿润的土隙中或细根上，相对湿度低于 90% 极少孵化；幼虫生活于土中，老熟时在土中 3～7cm 深处筑土室化蛹；湿度高田块发生重；全国分布，为害严重	与非十字花科蔬菜轮作；破坏越冬场所；控制田间土壤湿度
黄直条跳甲 (*P. rectilineata* Chen)	成虫：体长约 2.5mm，体形较长；鞘翅黑色，略具金属光泽，鞘翅中央黄色纵向条形斑较直	寡食性，偏嗜萝卜、芥菜、菜心、白菜、芥蓝、油菜、甘蓝、花椰菜等十字花科蔬菜	一年多代，成虫食叶，幼虫于土中为害根部，分布于华东及华南地区，与其他黄条跳甲混合发生	与非十字花科蔬菜轮作；破坏越冬场所；控制田间土壤湿度
黄宽条跳甲 (*P. humilis* Weise)	成虫：体长约 2mm，鞘翅黑色，中央各具一极宽大的黄色纵向条形斑，最狭处大于翅宽的 1/2	寡食性，偏嗜萝卜、芥菜、菜心、白菜、芥蓝、油菜、甘蓝、花椰菜等十字花科蔬菜	一年多代，成虫食叶，幼虫于土中为害根部，东北、华北等地较为普遍，以成虫在残株落叶及杂草中越冬，与其他黄条跳甲混合发生	与非十字花科蔬菜轮作；破坏越冬场所；控制田间土壤湿度
黄窄条跳甲 (*P. vittula* Redtenbacher)	成虫：体长小于 2mm，鞘翅黑色，纵向黄色条形斑狭窄，中央宽度为翅宽的 1/3	寡食性，偏嗜萝卜、芥菜、菜心、白菜、芥蓝、油菜、甘蓝、花椰菜等十字花科蔬菜	一年多代，成虫食叶，幼虫于土中为害根部，东北、华北等地较为普遍，以成虫越冬，与其他跳甲混合发生，春季为害尤甚	与非十字花科蔬菜轮作；破坏越冬场所；控制田间土壤湿度

（二）黄条跳甲安全防控技术

1. 实施轮作

与菠菜、生菜、葱蒜等非十字花科蔬菜进行轮作。

2. 清洁田园

每茬蔬菜收获后，清除田间残株、落叶，集中销毁，秋季尤为重要，破坏其食物来源及越冬场所。

3. 翻耕、灌水

播种及移栽前 7～10d 深耕、晒土，或灌水，消灭幼虫、蛹。

4. 诱杀成虫

成虫盛发期利用黑光灯诱杀成虫，或在田间间隔性地设置黄板或黄盘，利用其趋黄特性进行诱杀。在田间间种其喜食的芥菜等蔬菜，诱集成虫集中消灭。

5. 生物防治

苗期可于傍晚时分，喷洒斯氏线虫 A_{24} 品系进行防治（60～70 万条/m^2），防治效果较好。喷施线虫后注意保持土壤湿度。

6. 药剂防治

（1）无公害农产品、绿色食品蔬菜

2.5% 溴氰菊酯乳油或 2.5% 联苯菊酯乳油或 10% 吡虫啉可湿性粉剂 3 500～4 500倍液喷雾；安全间隔期分别为 2d、4d 和 7d。注意，绿色食品蔬菜生产要求“每种化学合成农药在一种作物的生长期内只允许使用一次”，因此，必须轮换用药。

（2）有机蔬菜

稀释 5% 鱼藤酮可溶性液剂（成分为 5% 鱼藤酮和 95% 食用酒精）400～600 倍喷雾；此类害虫一般性活泼，善跳跃或飞翔，所以要在清晨和傍晚温度较低、害虫不活跃时施药，尽量喷洒到虫体表面。鱼藤酮类药剂安全间隔期为 5～7d。硫黄粉对跳甲类害虫有驱避作用，田块周边撒施硫黄粉，减少跳甲进入为害。跳甲类害虫卵孵化通常需要 100% 的相对湿度，在产卵盛期田间撒施草木灰，可以吸湿抑制卵孵化。苦参碱或除虫菊素 800～1 000 倍，防治成虫叶面喷药，防治幼虫药液灌根，春季越冬成虫开始活动尚未产卵时，效果最好。施药时注意从地边向中间，由地表到植株施药，防止成虫逃逸。

三、蔬菜守瓜类害虫及其安全防控技术

（一）蔬菜守瓜类害虫

常见蔬菜守瓜类害虫的特征、习性与关键控制点见表 4－5。

表 4－5　蔬菜守瓜的特征、习性与关键控制点

名　称	形态特征	主要寄主	生物学特性	关键控制点
黄足黄守瓜（*Aulacophora. femoralis chinensis* Weise）	成虫：体长约 9mm，黄色，仅中后胸及腹部腹面黑色； 幼虫：老熟时体长约 12mm，长圆筒形，头部褐色，胸腹部黄白色，臀板腹面具肉质突起，有微毛	以葫芦科为主，亦可为害十字花科、茄科与豆科蔬菜，喜食黄瓜、南瓜、冬瓜等	北方地区一年 1 代，南方地区一年 2～3 代，成虫食叶，幼虫危害根部，苗期危害较大；成虫在背风、向阳的隐蔽处群集越冬；卵产于田间潮湿的地表，相对湿度低于 75% 时不能孵化；幼虫在土中活动深度为 6～10cm；成虫飞翔能力强，具假死性； 连作及土壤黏重田块发生重	轮作；控制田间地表湿度
黄足黑守瓜（*A. lewisii* Baly）	成虫：体长约 6mm，复眼、上颚端部及鞘翅黑色，其余部分橙黄或橙红色； 幼虫：黄褐色，胴部各节瘤突明显	葫芦科蔬菜为主，主要为害丝瓜	主要分布于长江流域以南地区，发生晚于黄足黄守瓜	轮作；控制田间地表湿度
黑足黑守瓜（*A. nigripennis* Motschulsky）	成虫：体长约 6mm，上唇、鞘翅、中后胸腹板、侧板及足黑色，其余部分橙黄或橙红色	葫芦科蔬菜为主，主要为害丝瓜	全国分布，北方地区较多	轮作；控制田间地表湿度

（二）守瓜类害虫安全防控技术

守瓜类害虫成虫的飞翔能力较强，且对苗期为害大，应以保护幼苗为主，重点消灭成虫，防止产卵。

1. 合理轮作

与非葫芦科蔬菜轮作。

2. 适时播种

利用设施栽培育苗，提早移栽，使幼苗期错开守瓜类害虫的发生高峰，以减轻为害。

3. 防止产卵

在守瓜类害虫产卵盛期，在瓜类根际土表撒草木灰、稻壳等防止成虫产卵。

4. 药剂防治

参照本节“黄条跳甲类”防治措施。

四、蔬菜夜蛾类害虫及其安全防控技术

（一）蔬菜夜蛾类害虫

各类蔬菜夜蛾类害虫的特征、习性与关键控制点见表4－6。

表4－6　蔬菜夜蛾的特征、习性与关键控制点

名　称	形态特征	主要寄主	生物学特性	关键控制点
甘蓝夜蛾（*Barathra brassicae* Linnaeus）	成虫：体长20mm，翅展45mm，棕褐色，前翅肾形斑、环状斑明显；幼虫：老熟时体长5mm，胴部腹面淡绿色，背部颜色较深；褐色型各节背部具倒“八”字纹	多食性害虫，主要为害十字花科、茄科、豆科、葫芦科蔬菜，如甘蓝、白菜、瓜类、豆类、茄果类蔬菜，以甘蓝、秋白菜受害最重	一年2～4代，以蛹在土中越冬，幼虫具群集性、夜出性、暴食性，老熟后入土化蛹，6～7cm处较为集中；成虫昼伏夜出，对黑光灯及糖醋液趋性强，喜选择高大茂密的植株集中产卵，卵多产于叶背，单层块状；温度18～25℃，相对湿度70%～80%时，发育较快；蜜源植物多，水肥条件好，长势旺盛的菜地受害重	恶化生存环境；诱杀成虫；及时防治低龄幼虫

（续表）

名　称	形态特征	主要寄主	生物学特性	关键控制点
甜菜夜蛾（*Laphygma exigua* Hübner）	成虫：体长约10mm，翅展20～25mm，灰褐色，前翅肾形斑、圆形斑土红色； 幼虫：老熟时体长约22mm，体色从绿色加深至黑褐色变化较大，腹部气门下线黄白色，达腹部末端，各节气门后上方有一明显白点	多食性害虫，主要为害十字花科、茄科、葫芦科、豆科、伞形科、藜科、苋科等蔬菜，如甘蓝、花椰菜、白菜、萝卜、茄果类、豆类、瓜类、胡萝卜、芹菜、菠菜和苋菜等，偏嗜甘蓝类蔬菜	一年多代，以各种虫态在大田内越冬，温暖地区及北方温室内无越冬现象；幼虫一般5龄，颜色变化较大，1～2龄群集为害；幼虫具假死性，老熟后多在土内作室化蛹，深度约0.5～3cm；成虫昼伏夜出，对光及糖醋液趋性强；卵常产于作物背面或叶背部，块状，覆白色鳞片，10cm以下的阔叶杂草和杂草较多的豆地、菜地卵块较多；发育适温20～25℃，相对湿度50%～70%；甜菜夜蛾为间歇性大发生害虫，华北地区通常6～8月为害最重，广东省冬季为害严重	恶化生存环境；诱杀成虫；及时防治低龄幼虫
斜纹夜蛾（*Prodenia litura* Fabricus）	成虫：体长15～20mm，翅展35～40mm，深褐色，胸部背面有白色毛丛；前翅灰褐色，在肾形斑和环状斑之间具3条白色斜纹； 幼虫：老熟时体长35～45mm，体色多变，背线、亚背线及气门下线灰黄或橙黄色，中胸至第9腹节亚背线内侧各具1对三角形黑斑	多食性害虫，为害十字花科、茄科、豆科、葫芦科、百合科、藜科蔬菜，如甘蓝、花椰菜、白菜、萝卜、瓜类、豆类、茄果类及葱、韭菜和菠菜等	一年多代，南方地区无越冬现象；低龄幼虫具群集性，4龄后开始暴食，多于傍晚为害；老熟后在土内化蛹，深度多在1～3cm；成虫昼伏夜出，飞翔能力强，具趋光性，对糖醋液及发酵的豆粕、牛粪有趋性；卵多产于高大、茂密、浓绿的边际作物上，以叶背面居多；发育适温28～30℃，长江流域7～8月，黄河流域8～9月，广东省6～9月为害严重	恶化生存环境；诱杀成虫；及时防治低龄幼虫

（二）蔬菜夜蛾类害虫安全防控技术

1. 科学管理

合理安排茬口，减少其食物来源；蔬菜收获后进行清园，将残株落叶集中处理；播种前要翻耕、晒土和灭茬，消灭土内虫蛹；注意铲除菜田周边低矮的阔叶杂草，恶化产卵环境；利用芋头等作为菜田的边际作物诱集斜纹夜蛾产卵，集中消灭。

2. 诱杀成虫

在成虫盛发期，根据其趋性，采用黑光灯及糖醋液（糖：醋：酒：水＝3：4：1：2）诱杀成虫。

3. 人工防治

结合农事操作，人工摘除卵块或群集为害的低龄幼虫。

4. 药剂防治

（1）无公害农产品、绿色食品蔬菜

52.25%农地乐乳油1 000～1 500倍液，或4.5%高效氯氰菊酯乳油11.25～22.5g/hm^2，或20%虫酰肼悬浮剂200～300g/hm^{2}喷雾，晴天傍晚用药，阴天可全天用药。注意，绿色食品蔬菜生产要求“每种化学合成农药在一种作物的生长期内只允许使用一次”，因此必须轮换用药。

（2）有机蔬菜

2龄之前防治（一般20～25℃时，蛾峰后7～8d，26～30℃时，蛾峰后5d），使用苦参碱或除虫菊素800～1 000倍液喷雾，注意防治时间可选在清晨或傍晚进行，重点为叶背、心叶和根部土壤。纯Bt可湿性粉剂500～1 000倍液喷雾，亦可防治2龄以前幼虫。

五、菜粉蝶、小菜蛾及其安全防控技术

（一）菜粉蝶、小菜蛾

菜粉蝶、小菜蛾的特征、习性与关键控制点见表4－7。

表 4－7　菜粉蝶、小菜蛾特征、习性与关键控制点

名　称	形态特征	主要寄主	生物学特性	关键控制点
菜粉蝶 (*Pieris rapae* Linnaeus)	成虫：体长 12～20mm，翅展 45～55mm；体灰黑色，翅白色，顶角灰黑色，前翅中部具黑斑，雌虫 2 个，雄虫 1 个； 幼虫：老熟时体长 15～20mm，青绿色，背线淡黄色	十字花科蔬菜，如甘蓝、花椰菜、萝卜、白菜、油菜等	一年多代，以滞育蛹在菜地附近的屋檐、墙角、风障、杂草和残株落叶等荫蔽处越冬，蛹色可随周围环境而异；幼虫 5 龄，3 龄前多在叶背为害，后转至叶面蚕食，4～5 龄幼虫具暴食性；成虫对芥子油糖苷有明显趋性，以厚叶类的甘蓝、花椰菜产卵量最大，对薄荷有负趋性；发育适温 20～25℃，相对湿度 75% 左右，春、秋季为害严重	与非十字花科蔬菜轮作；及时防治低龄幼虫
小菜蛾 (*Plutella xylostella* Linnaeus)	成虫：体长约 6mm，翅展 12～15mm，翅狭长，前翅后缘具金黄色波纹，双翅合拢时呈 3 个相连的菱形斑； 幼虫：老熟时体长约 10mm，纺锤形，黄绿色，化蛹时结白色薄茧	十字花科蔬菜和杂草，以甘蓝、芥蓝、萝卜受害最重，白菜、油菜、芥菜次之	一年多代，长江流域以南无越冬现象；幼虫 4 龄，初孵幼虫潜叶取食，2 龄幼虫取食叶片下表皮和叶肉，3 龄、4 龄具暴食性；成虫飞翔能力强，对芥子油及葡萄糖苷等物质有明显趋性；发育适温度 20～30℃，幼虫耐低温，对食物要求不高，取食黄叶、老叶、落叶、残株均能完成发育；华北地区 5 月、6 月为害严重，长江流域以南呈春秋双峰型；对多种化学农药抗性强	与非十字花科蔬菜轮作；清园

（二）菜粉蝶安全防控技术

1. 清洁田园

每茬蔬菜收获后及时清园并进行翻耕，消灭菜地里残株败叶，可减少大量虫源，降低下一代发生量。菜粉蝶蛹的颜色可因周围环境而异，注意观察。

2. 科学管理

合理安排茬口，尽量避免小范围内十字花科蔬菜连作，春甘蓝提早定植，以提早收获，避开第二代菜青虫的为害。菜田周边或田内适当种植薄荷，可以减少菜粉蝶产卵。

3. 药剂防治

（1）无公害农产品、绿色食品蔬菜

5%定虫隆（抑太保）乳油2 500倍液，或5%氟虫脲（卡死克）1 500倍液，或50%辛硫磷1 000倍液，及高效氯氰菊酯、氯氟氰菊酯、联苯菊酯等喷雾进行防治，根据使用说明正确使用。注意，绿色食品蔬菜生产要求“每种化学合成农药在一种作物的生长期内只允许使用一次”，因此必须轮换用药。

（2）有机蔬菜

防治适期在3龄以前（产卵高峰期8～10d后），甘蓝等蔬菜包心前尤其关键。选择每克含100亿个活孢子的商品纯Bt及杀螟杆菌、青虫菌菌剂500～1 000倍液喷雾（避免高温及日光直射情况，注意生产日期在3个月以上的药剂，适当增加浓度）；苦参碱或除虫菊素1 000～1 200倍液喷雾，效果较好。

4. 甘蓝上菜粉蝶防治指标

甘蓝上菜粉蝶防治指标见表4－8。

表4－8　甘蓝上菜粉蝶的防治指标

生育期	百株卵量（个）	百株3龄以上幼虫（头）
发芽期（2叶）	10	5～10
幼苗期（6～8叶）	30～50	15～20
团棵期（10～24叶）	100～150	50～100
成熟期（＞24叶）	＞200	＞200

（三）小菜蛾安全防控技术

1. 轮作间作

与非十字花科蔬菜轮作，或将十字花科蔬菜中的早、中、晚熟品种，生长期长、短不同的品种与其他蔬菜轮流种植。与豆科、茄科等非十字花科蔬菜间隔种植，可减少小菜蛾为害。

2. 清洁田园

每茬蔬菜收获后，及时清除和集中销毁残株、落叶和杂草，并立即耕翻。

3. 诱杀成虫

利用黑光灯或诱芯诱杀成虫。

4. 药剂防治

（1）无公害农产品、绿色食品蔬菜

5%定虫隆（抑太保）乳油2 500倍液喷雾，或5%氟虫脲（卡死克）1 500倍液，或50%辛硫磷1 000倍液，以及高效氯氰菊酯、氯氟氰菊酯、联苯菊酯等喷雾进行防治，根据使用说明正确使用。注意，绿色食品蔬菜生产要求“每种化学合成农药在一种作物的生长期内只允许使用一次”，因此，必须轮换用药。

（2）有机蔬菜

防治适期为2龄之前，如甘蓝生长前期50头/百株，后期100～120头/百株时需进行防治。选择每克含100亿个活孢子的商品纯Bt及杀螟杆菌、青虫菌菌剂500～1 000倍液喷雾（避免高温及日光直射情况，注意生产日期在3个月以上者，适当增加浓度）；苦参碱或除虫菊素800～1 000倍喷雾，效果较好。

第三节　潜叶类害虫与地下害虫安全防控技术

一、蔬菜潜叶蝇类害虫及其安全防控技术

（一）蔬菜潜叶蝇类害虫

各类蔬菜潜叶蝇的特征、习性与关键控制点见表4－9。

表4-9　蔬菜潜叶蝇的特征、习性与关键控制点

名　称	形态特征	主要寄主	生物学特性	关键控制点
拉（南）美斑潜蝇（*Liriomyza huidobrensis* Blanchard）	成虫：体长2.5～3.0mm，灰黑色，光亮，小盾片黄色，腹部各节黑黄相间；幼虫：体长3.0～3.5mm，乳白色，略透明	伞形科、菊科、藜科、十字花科、豆科、茄科、葫芦科蔬菜，如芹菜、莴苣、茼蒿、菠菜、小白菜、菜薹等	一年多代，世代重叠严重，北方地区以蛹在土中越冬，设施内及温暖地区无越冬现象；成虫对黄色敏感，发育适温20～24℃；卵散产，多位于叶背；幼虫共3龄，在叶片正、反表面沿叶脉造成线状或不规则蛇行潜道，有时在叶柄，不同作物上差异较大，老熟后多从叶背脱出虫道，落土或在倒挂在叶片上化蛹；对高温耐受性较差，30℃以上不能完成世代	合理安排茬口，切断食物来源；加强预报，及时防治成虫
美洲斑潜蝇（*Liriomyza sativae* Blanchard）	成虫：体长2.0～2.5mm，体色亮黑，头部及小盾片橘黄色，腹部各节黑黄相间；幼虫：体长2.5～3.0mm，橘黄色	葫芦科、茄科、豆科蔬菜为主，喜食黄瓜、丝瓜、南瓜、番茄、茄子及菜豆等；亦取食十字花科蔬菜如白菜、油菜等	一年多代，北方地区温室内及南方地区无越冬现象；成虫飞翔能力弱，对黄色敏感，有趋光性，发育最适温度为26℃左右，34℃时发育受抑制；幼虫共3龄，潜道位于叶片正面，弯曲盘绕但不穿过中脉，黑色虫粪在虫道两侧交替排列；老熟幼虫从叶面脱出虫道，落土或在叶面上化蛹；相对湿度60%～80%利于繁殖，湿度低于40%明显影响幼虫化蛹、成虫羽化、取食和产卵	合理安排茬口，切断食物来源；加强预报，及时防治成虫
葱斑潜蝇（*Liriomyza chinensis* Kato）	成虫：体长2.0～2.5mm，灰黑色，中胸背板灰黑色，无光泽，小盾片灰黑色，腹部黄黑相间；幼虫：体长2.5～3.0mm，黄色、浅黄色或白色	百合科蔬菜，如葱、蒜等	幼虫潜道位于叶片正面，呈灰白色线状条斑，老熟后于潜道末端化蛹，或脱出叶片于土中化蛹	合理安排茬口，切断食物来源；加强预报，及时防治成虫
番茄斑潜蝇（*Liriomyza bryoniae* Kaltenbach）	成虫：体长2.0～2.5mm，体色较淡，偏黄色，中胸背板亮黑色，小盾片黄色，腹部黑黄相间；幼虫：体长2.8～3.3mm，前部黄色，后部白色	茄科蔬菜，如番茄	幼虫潜道弯曲盘绕，叶片正反面均有，可穿过中脉，虫口密度大时可潜入叶柄，黑色虫粪位于虫道中间，老熟后多脱出虫道，落土化蛹	合理安排茬口，切断食物来源；加强预报，及时防治成虫

（续表）

名称	形态特征	主要寄主	生物学特性	关键控制点
豌豆彩潜蝇（*Chromatomyia horticola* Goureau）	成虫：体稍大，灰黑色，无光泽，平衡棒黄白色，小盾片黑灰色，各足腿节端部黄白色； 幼虫：淡黄色	豆科蔬菜，如菜豆等	幼虫潜道较粗，灰白色，弯曲不规则，叶片正反面均有，可穿过中脉，老熟后不脱出虫道，在叶背潜道末端化蛹	合理安排茬口，切断食物来源；加强预报，及时防治成虫

（二）潜叶蝇类害虫安全防控技术

1. 茬口安排

利用各种潜叶蝇对寄主的选择性，合理安排茬口，在其发生高峰期种植非嗜食蔬菜，切断食物源，以减轻为害。

2. 清洁田园

收获后集中销毁被害叶片及带虫残株，用塑料膜盖严，集中堆沤。注意减少保护地潜叶蝇成虫的外迁，对于不能露地越冬的潜叶蝇，保护地防治尤其重要。

3. 温度控制

冬季育苗前，可将棚室敞开 7～10d，利用自然低温消灭害虫；或于夏季收获后，将遗留残株在密闭棚室内密封 7～10d，利用高温闷杀害虫，再进行清园。

4. 黄板诱杀

利用潜叶蝇成虫对黄色的趋性，可采用黄板诱杀，在虫口较低及保护地条件下，可起到较好的效果。

5. 药剂防治

（1）无公害农产品、绿色食品蔬菜

48% 毒死蜱乳油 1 000倍液喷雾；安全间隔期为 1 周。注意，绿色食品蔬菜生产要求“每种化学合成农药在一种作物的生长期内只允许使用一次”，因此，必须轮换用药。

（2）有机蔬菜

监测虫情，在幼龄期喷施1.5%除虫菊素水乳剂600倍液，连续2～3次；安全间隔期为3～5d。

二、蔬菜根蛆蝇类害虫及其安全防控技术

（一）蔬菜根蛆类害虫

各类蔬菜根蛆类害虫的特征、习性与关键控制点见表4－10。

表4－10　蔬菜根蛆的特征、习性与关键控制点

名　称	形态特征	主要寄主	生物学特性	关键控制点
葱地种蝇（*Delia antigua* Meigen）	雄虫成虫：二复眼间额带明显；后足胫节内侧中央，约全胫节长1/3～1/2的部分具成列稀疏而大致等长的短毛；雌虫成虫：中足胫节的外上方有2根刚毛；幼虫：老熟幼虫腹部末端具7对不分叉突起，第1对位于第2对的上内侧，第6对比第5对稍长大，第7对极小	蒜、葱、韭菜等百合科蔬菜，以圆葱、大蒜受害最重	一年3～4代，以蛹在土中、粪堆中或寄主鳞茎内越冬；成虫对葱蒜气味有明显趋性，卵多数都成堆产在葱、蒜叶基部、鳞茎及植株附近1cm深处的土壤中；地表下5cm处土壤含水量较高时，幼虫虫口密度较大，含水量过高，虫口密度又呈下降趋势，土温在20℃左右时，为害最重	加强监测，产卵高峰期防治成虫
灰地种蝇（*Delia platura* Meigen）	雄虫成虫：体长约5mm，深褐色，复眼距离极近；后足胫节后内侧具一列短毛，短毛末端弯曲，大致等长；腹部灰黄色，背面中央具一黑色纵纹，各腹节间均具一条黑色横纹；雌虫成虫：灰色或灰黄色；复眼间距较宽；中足胫节的前外侧具一根刚毛；腹部背面中央2～4节及5节前半部隐约可见一条褐色纵纹；幼虫：老熟时体长7～10mm，近圆锥形，乳白略带淡黄色，头小，口钩黑色，尾端如切断状；腹部末端具7对突起，第1对与第2对等高，第5对与第6对等长	十字花科、豆科、葫芦科、百合科蔬菜，如白菜、萝卜、甘蓝、豆类、瓜类和葱等	一年多代，以蛹在土中越冬；成虫喜食花蜜、蜜露和腐烂的有机质，卵多产在潮湿且有机肥多的土壤缝隙中，尤以未腐熟的肥料堆中卵量最多；潮湿、疏松、有机质多的土壤中种群密度大	加强监测，产卵高峰期防治成虫

（续表）

名　称	形态特征	主要寄主	生物学特性	关键控制点
萝卜地种蝇（*Delia floralis* Fallen）	雄虫成虫：体长约 7mm，雄虫较雌虫略小，暗灰褐色，复眼间距较小；腹部背面中央具 1 条纵纹，各腹节间均有黑色横纹；后足腿节外下方生 1 列稀疏长毛； 雌虫成虫：全体黄褐色，胸、腹部背面无斑纹； 幼虫：老熟时体长约 7mm，乳白色，头部退化仅有 1 对黑色口钩；腹末端具 6 对突起，其中第 5 对大且分叉	白菜、萝卜、芥菜、雪里蕻等十字花科蔬菜，尤以秋白菜、萝卜受害严重	一年 1 代，以蛹在土壤中越冬；成虫羽化需要一定的湿度，降雨或灌水后 1～2d 成虫数量有增多的趋势；成虫对糖、醋及未腐熟的有机肥有较强的趋性；卵产于菜苗周围地面上或心叶上	加强监测，产卵高峰期防治成虫
毛尾地种蝇（*Delia pilipyga* Villeneuve）	雄虫成虫：复眼间额带最狭部分小于中单眼宽度的 2 倍，后足腿节外下方近末端的部分具显著长毛； 雌虫成虫：体长约 5.5mm，腹部灰色略带黄色，腹部背面斑纹不明显； 幼虫：腹末端具 6 对突起，其中第 6 对突起分成很浅的二叉	萝卜、白菜等十字花科蔬菜	一年 2～3 代，第 1 代成虫约在 5 月羽化，卵主要产在白菜心上和叶柄基部，孵化后的幼虫直接钻入菜心；第 2 代成虫约在 7 月中下旬羽化，主要为害萝卜和秋白菜	加强监测，产卵高峰期防治成虫
韭菜迟眼蕈蚊（*Bradysia odoriphaga* Yang et zhang）	成虫：雄虫体长 2.3～2.7mm，雌虫体长 3.2～3.9mm，黑褐色，复眼发达、左右相接；足黄褐色，细长； 幼虫：体长 5.0～7.0mm，乳白色，近纺锤形，无足，腹部最后 2 节具淡黑色“八”字形纹； 蛹：离蛹，腹部 10 节，末端具 1 对突起	百合科、菊科、藜科、十字花科、葫芦科、伞形科多种蔬菜，以韭菜受害最重，其次为大蒜、洋葱、瓜类和莴苣	一年多代，保护地、菇房可周年发生，多以幼虫在韭菜根茎、鳞茎及根部周围土中群集越冬，越冬深度在土表下 10cm 以内；成虫具趋光性，对韭菜收割后伤口汁液的气味敏感，高温（>30℃）高湿环境产卵受抑制；幼虫的垂直分布随土壤温度的季节变化而异，春秋上移，冬夏下移；中壤土较轻壤土及沙壤土虫口密度高；3～4cm 土层含水量在 20% 左右适宜幼虫发育	加强监测，产卵高峰期防治成虫

（二）蔬菜根蛆类害虫安全防控技术

1. 合理轮作

与非寄主蔬菜实施3～4年轮作。

2. 诱杀成虫

糖、醋、酒按3：1：10的比例配成诱集液，每667m^2设置20～25处诱集点，每5～7d更换一次诱杀液。利用未腐熟粪肥或腐烂发霉的蒜瓣，捣碎后诱集葱地种蝇成虫集中消灭。

3. 科学管理

施用充分腐熟的有机肥；结合定植，翻耕土壤，杀灭虫蛹；春秋季幼虫发生时，连续浇水2～3d，每天淹没畦面，杀灭根蛆；地面覆盖细沙和草木灰或用竹签剔开作物根际土壤，造成干燥环境，降低幼虫成活率和成虫羽化率。

防治韭菜迟眼蕈蚊：韭根移栽时将韭根暴晒1～2d，然后移栽；冬季扣膜扒土晾根，既可打破休眠，又冻杀根蛆；距地表2cm处收割，防止伤口汁液吸引产卵，割后撒草木灰可以减轻韭菜迟眼蕈蚊的危害。

防治葱地种蝇：大蒜适期早播，使烂母期错开葱地种蝇越冬代成虫产卵盛期；选择健壮无蛆鳞茎，剥去蒜皮，缩短烂母时间，降低葱地种蝇为害。

4. 药剂防治

（1）无公害农产品、绿色食品蔬菜

成虫盛发期，上午9～11时喷施40%辛硫磷乳油1 000倍液，或2.5%溴氰菊酯乳油2 000倍液，以及其他菊酯类农药（如氯氰菊酯、氰戊菊酯、功夫等）。也可在浇足水促使害虫上行后喷75%灰蝇胺610g/667m^2。对于韭菜可采用灌根方法防治根蛆类害虫，选用40.8%毒死蜱乳油600mL，或40%辛硫磷乳油1 000mL，或辛硫磷+毒死蜱合剂（1：1）800mL，稀释成100倍液，去掉喷雾器喷头，对准韭菜根部灌药，然后浇水。注意，绿色食品蔬菜生产要求“每种化学合成农药在一种作物的生长期内只允许使用一次”，因此必须轮换用药。

（2）有机蔬菜

加强监测，成虫及幼龄期幼虫时喷施 1.5% 除虫菊素水乳剂 600 倍液；对于韭蛆为害根茎部害虫，稀释 200 倍灌根或地表喷施，在韭蛆钻蛀前施药；安全间隔期为 3～5d。蔬菜收割后，每 $667m^2$ 用硫酸铜 1～1.5kg，对水 150～200kg 灌根消灭幼虫。每 $667m^2$ 用 Bt 可湿性粉剂 6～7kg，随畦灌水施入，每 15d 施药 1 次，连续 3 次。成虫发生盛期（诱集器中成虫数量突然大增或雌、雄比例接近 1∶1 时）用 800～1 000倍苦参碱溶液喷雾，每 7d 使用 1 次，连续 2～3 次，消灭成虫。

第五章　北方主要设施蔬菜安全生产实例

第一节　番茄安全生产技术规程

一、产地环境

（一）生产基地的选择

生产基地应选择边界清晰，生态环境良好，地势高燥，排灌方便，地下水位较低，土层深厚、疏松、肥沃的地块。

生产基地应远离城区、工矿区、交通主干线、工业污染源、生活垃圾场等。

（二）生产基地环境质量要求

1. 无公害蔬菜

产地环境条件应满足 NY 5010—2002《无公害食品　蔬菜产地环境条件》的相关要求（详见第一章）。

2. 绿色食品蔬菜

产地环境条件应满足 NY/T 391—2000《绿色食品　产地环境技术条件》的相关要求（详见第一章）。

3. 有机蔬菜

产地环境条件应满足如下要求。

①土壤环境质量符合 GB 15618《土壤环境质量标准》中的二级标准。

②农田灌溉用水水质符合 GB 5084《农田灌溉水质标准》的规定。

③ 环境空气质量符合 GB 3095《环境空气质量标准》中的二级标准。

④ 保护地农作物的大气污染最高允许浓度符合 GB 9137《保护农作物的大气污染物最高允许浓度》的规定。

二、生产技术

（一）保护设施

日光温室、塑料大棚和连栋温室等。

（二）土壤肥力等级划分

根据土壤中有机质、全氮、碱解氮、速效氮、速效钾等含量的高低而划分，具体等级指标见表 5－1。

表 5－1　设施番茄土壤肥力分级

肥力等级	土壤养分测试值				
	全氮（g/kg）	有机质（g/kg）	碱解氮（mg/kg）	速效磷（P_2O_5）（mg/kg）	速效钾（K_2O）（mg/kg）
低肥力	1～1.3	<15	60～80	40～70	70～100
中肥力	1.3～1.6	15～25	80～100	70～100	100～130
高肥力	1.6～2.0	>25	100～120	100～130	130～160

（三）种子和种苗选择

1. 种子和种苗选择的基本原则

选择适应本地区土壤和气候特点，抗病、优质、高产、耐贮运、商品性好、适合市场需求的品种。日光温室冬春茬、塑料拱棚早春栽培选择耐低温弱光、抗病害的品种；秋延后、秋冬茬栽培选择高抗病毒、耐热的品种；长季节栽培选择高抗、多抗病害，抗逆性好，连续结果能力强的品种。

2. 有机生产对种子与种苗的要求

有机生产中，种子与种苗应满足如下要求。

①应选择有机番茄种子或种苗，从市场上无法获得有机种子或种苗时，可以选用未经禁用物质处理过的常规种子或种苗，但应制定获得有机种子和种苗的后续计划。

②不得使用转基因种子、种苗和砧木。

（四）育苗

1. 育苗设施

根据季节选用温室、大棚、温床等育苗设施；夏秋季育苗应配有防虫遮阳设施。宜采用工厂化育苗，并对育苗设施进行消毒处理。

2. 营养土

因地制宜选用无病虫源的田土、腐熟农家肥、矿质肥料、草炭、木（竹）醋液、草木灰、有机肥（或蚯蚓粪）等，按一定比例配置营养土。营养土要求疏松、保肥、保水，营养全面，孔隙度约60%，pH 值 6～7，速效磷含量≥250mg/kg，速效钾含量≥300mg/kg，速效氮含量≥250mg/kg。无公害蔬菜及绿色食品蔬菜可适当添加化肥，以满足上述肥力要求。

3. 育苗钵和播种床

优先使用育苗钵或穴盘育苗；使用育苗床育苗应先将配置好的营养土均匀铺于育苗床上，厚度约 10cm。苗床消毒方法如下。

（1）无公害农产品、绿色食品蔬菜

40% 甲醛（福尔马林）30～50mL/m^2，加水 3L，喷洒床土，用塑料薄膜闷盖 3d 后揭膜，待气体散尽后播种；再用 50% 多菌灵可湿性粉剂 8g/m^2，拌上细土均匀薄撒于床面上，防治猝倒病。

（2）有机蔬菜

每平方米播种苗床用高锰酸钾 30～50g，加水 3L，喷洒于苗床上。

4. 种子处理

（1）无公害农产品、绿色食品蔬菜

先用清水浸种 3～4h，再放入 10% 磷酸三钠溶液中浸泡 20min，捞出洗净，主要防治病毒病。

（2）有机蔬菜

①温汤浸种：将种子放入 50～55℃温水中浸泡、搅拌，至水温降至室温，主要防治叶霉病、溃疡病、早疫病。

②干热灭菌：将种子以 2～3cm 的厚度摊放在恒温干燥器内，60℃通风干燥 2～3h，然后再 75℃，处理 3d。

③硫酸铜溶液浸种：先用 0.1% 硫酸铜溶液浸种 5min。

④高锰酸钾溶液浸种：先用 40℃温水浸种 3～4h 后捞出，再放入 0.5%～1% 高锰酸钾溶液中浸泡 10～15min，再捞出，用清水冲洗 3 次后，催芽播种。

5. 浸种催芽

消毒后的种子室温浸泡 6～8h 后，捞出控净水分，置于25～30℃条件恒温催芽，期间进行 2～3 次投洗、翻倒。

（五）播种

1. 播种期

根据栽培季节、育苗手段和壮苗标准确定适宜的播种期。

2. 播种量

根据种子大小及定植密度，栽培面积用种量 20～30g/667m^2，播种床播种量 5～10g/m^2。

3. 播种方法

当催芽种子 70% 以上破嘴（露白）即可播种。夏秋育苗直接用消毒后种子播种。播种前苗床浇足底水，湿润至床土深10cm。水渗下后用营养土薄撒一层，均匀撒播。播后覆营养土0.8~1.0cm。冬春播种育苗床面上覆盖地膜，夏秋播种育苗床面覆盖遮阳网或稻草，当70%幼苗顶土时撤出床面覆盖物。

（六）苗期管理

1. 温度

夏秋育苗主要靠遮阳网。冬春育苗温度管理见表5-2。

表5-2　冬春育苗温度管理指标　（单位:℃）

时　间	日　温	夜　温	短时间最低温度
播种至齐苗	25~30	18~15	13
齐苗至分苗前	20~25	15~10	8
分苗至缓苗	25~30	20~15	10
缓苗后至定植前	20~25	16~12	8
定植前5~7d	15~20	10~8	5

2. 光照

冬春育苗采用补光灯、反光幕等补光、增光设施；夏秋育苗采用遮光降温。

3. 水分

分苗水应浇足，以后根据育苗季节和墒情适当浇水。

4. 肥水管理

苗期以控水肥为主。幼苗2叶1心时，分苗于育苗容器中，移入苗床。喷施300倍木（竹）醋液或500倍氨基酸铜。在秧苗3~4叶时，可结合苗情追提苗肥。

5. 扩大营养面积

秧苗3~4叶时加大苗距，保湿保温。

6. 炼苗

早春育苗温度白天15~20℃，夜间10~5℃。夏秋育苗逐渐撤去遮阳物，适当控制水分。

7. 壮苗指标

冬春育苗，8～9片真叶，株高25cm，茎粗0.6cm以上，现大蕾，叶色浓绿，无病虫害。夏秋育苗，3～4片叶，株高15cm左右，茎粗0.4cm左右。

（七）定植

1. 定植前准备

（1）整地

基肥的施入量：磷肥为总施磷肥量的80%以上，氮肥和钾肥为总氮肥和钾肥施肥量的50%～60%。根据保护地肥力水平、生育季节、生长状况和目标产量，确定施肥量；每生产1 000kg番茄，需从土壤中吸取氮2.8～4kg，磷1.1～1.6kg，钾3.7～4.5kg，三者比例为1：0.46：1.32。每667m^2施优质农家肥3 000kg以上，但最高不超过5 000kg。

无公害农产品、绿色食品蔬菜：农家肥中的养分含量不足时用化肥补充。

有机蔬菜：基肥不得使用人粪尿和含有转基因产品的肥料；优先选用有机养殖场的畜禽粪便；来源于动物和植物的废弃物（包括番茄收获后的废弃物）和农家肥（包括农场外畜禽粪便）应经过彻底腐熟且达到有机肥腐熟标准；矿质肥料和微量元素肥料应选用长效肥，并在施用前对其重金属含量或其他污染因子进行检测；利用磷矿粉、天然硫酸钾以及矿质钾镁肥补充钾、钙、镁等元素。

各地还应根据生育期长短和土壤肥力状况调整施肥量。基肥以撒施为主，深翻25～30cm。按照当地种植习惯做畦。

（2）棚室消毒

在定植前对进行棚室进行高温闷棚或药剂熏蒸等消毒工作，有机蔬菜生产消毒时不得使用化学合成物质。

2. 定植时间和方法

（1）定植时间

10cm 深度内土壤温度稳定达到 10℃以上。

（2）定植方法

采用大小行栽培，覆盖地膜。根据品种特性、整枝方式、气候条件及栽培习惯，每 667m^2 定植 2 500 ~ 3 000株。

（八）田间管理

1. 栽培管理

宜制定番茄生产和轮作计划，宜与非茄果类作物如豆科作物、叶菜类等轮作；宜利用豆科作物、绿肥、禾本科作物、免耕或土地休闲等方式恢复土壤肥力。有机蔬菜生产须进行包括豆科作物在内的至少 3 种作物轮作。

宜采用合理的灌溉方式如滴灌、渗灌等；有机蔬菜生产不得大水漫灌。

2. 环境调控

（1）温度

根据番茄生长发育对环境要求适当调整和控制温度。一般缓苗期，白天不超过 30℃，晚上不低于 15℃；开花坐果期，晚上不低于 10℃；结果期不低于 13℃。

（2）光照

采用透光性好的功能膜，冬春季节保持膜面清洁，白天揭开保温覆盖物。夏秋季节遮阳降温。

（3）空气湿度

采用地面覆盖、滴灌或暗灌、通风排湿、温度调控等措施尽量调控温室空气相对湿度。一般最佳空气相对湿度控指标是缓苗期 80% ~90%、开花坐果期 60% ~70%、结果期 50% ~60%。

（4）二氧化碳

冬春季节适时放风或增施二氧化碳气肥，使设施内的浓度达到1 000～1 500mg/kg。

3. 灌水

采用膜下滴灌或暗灌。定植后及时浇水，3～5d 后浇缓苗水。缓苗水之后，一般不再浇水，待第一穗果膨大时（核桃大小）再开始浇水。冬春季节不浇明水，土壤相对湿度冬春季节保持在 60%～70%，夏秋季节保持在 75%～85%。

4. 施肥

番茄常规施肥量可参考表 5－3。

表 5－3　番茄推荐施肥量

肥力等级	目前产量（$kg/667m^2$）	推荐施肥量（$kg/667m^2$）		
		纯氮（N）	磷（P_2O_5）	钾（K_2O）
低肥力	3 000～4 200	19～22	7～10	13～16
中肥力	3 800～4 800	17～20	5～8	11～14
高肥力	4 400～5 400	15～18	3～6	9～12

无公害农产品、绿色食品蔬菜：在扣除基肥部分后，分多次随水追施化学合成肥料。土壤微量元素缺乏的地区，还应针对缺素的状况增加追肥的种类和数量。

有机蔬菜：基肥施入的种类包括腐熟农家肥、动物性蛋白肥料（如羽毛粉、鱼粉或骨粉）和矿质肥料，根据番茄品种、养分需求和土壤肥力，调节营养元素平衡。氮肥为总氮施入量的 50%～60%，磷肥为总钾肥施入量的 80% 以上，钾肥为总钾肥施入量的 50%～60%。应根据生育期的长短和土壤肥力状况调整施肥量，每公顷农家肥 45 t 以上或蚯蚓粪 15～30t。以撒施为主，结合整地，深翻 25～30cm。

根据番茄的生长期的长短和对营养需求的变化确定追肥量和追肥时间。追肥的种类包括腐熟的农家肥、氨基酸类或腐殖酸类的冲施肥、沼液沼渣等，追肥的数量应控制在施肥总量的15%～20%。追肥的方式包括撒施、沟施和速水冲施。

叶面肥作为根外施肥的补充形式，主要种类包括氨基酸类或腐殖酸类叶面肥、微量元素肥料、沼液等，施肥的有效含量（以N计）不得超过总施肥量的10%。

5. 植株调整

（1）吊蔓或插架

用尼龙绳吊蔓或用细竹竿插架。

（2）整枝

根据番茄的品种、栽培密度和目的选择适宜的整枝方法；一般密度较大时采用单干整枝。

（3）摘心、打底叶

当最上目标花序现蕾时，留2片叶掐心，保留其上的侧枝。第一穗果绿熟期后，摘除其下全部叶片，及时摘除枯黄有病斑的叶子和老叶。摘除的老叶及时清除，可用作饲料或堆肥的原料。

6. 授粉疏果

（1）授粉

无公害农产品、绿色食品蔬菜：在冬、夏不适宜番茄坐果的季节，使用防落素、番茄灵等植物生长调节剂处理花穗。在灰霉病多发地区，应在溶液中加入腐霉利等药剂防病。

有机蔬菜：采取人工授粉、蜜蜂或熊蜂授粉，不得使用植物激素处理花穗。

（2）疏果

应适当疏果（除樱桃番茄外），大果型品种每穗选留3～4果，中果型品种每穗留4～6果。

（九）病虫害防治

1. 主要病虫害

主要病害：猝倒病、立枯病、晚疫病、早疫病、溃疡病、灰霉病、叶霉病、青枯病、枯萎病、病毒病和根结线虫等。

主要虫害：蚜虫、潜叶蝇、茶黄螨、白粉虱、烟粉虱和棉铃虫等。

2. 防治原则

按照预防为主，综合防治的植保方针，坚持以农业防治、物理防治、生物防治为主，药剂防治为辅的原则。

3. 农业防治

①抗病品种：针对栽培季节及当地主要病虫害控制对象，选用高抗、多抗性品种。

②耕作改制：实行严格的轮作制度，与非茄科作物轮作 3 年以上，有条件的地区实行水旱轮作或夏季灌水闷棚。

③培育壮苗：应培育适龄壮苗，提高抗逆性。

④控温控湿：控制好温度和空气湿度，适宜的肥水，充足的光照和二氧化碳，通过放风和辅助加湿，调节不同生育期的适宜温度，避免低温和高温为害。

⑤采用深沟高畦、清洁田园等措施避免侵染性病害发生。

⑥控制结露：根据保护地内温度与结露的关系，降低盖苫温度，控制结露。

⑦科学施肥：应减少氮肥的使用量，降低病虫害的发生；叶面喷施钙肥、硅肥等营养元素增强番茄的抗病虫害能力。

⑧设施防护：应设置防虫网（门、通风口等处尤为重要）、遮阳网等防护措施。

4. 物理防治

色板诱杀：每 5～7m^2 悬挂 1 块黄色粘虫板，方向与畦面一致，诱杀蚜虫、粉虱等害虫。随番茄生长调节黄板高度，使其高于番茄植株 20cm，粘满害虫时，及时更换。覆盖灰色膜可以驱避蚜虫。

5. 生物防治

①宜保护利用瓢虫、草蛉、小花蝽等捕食性天敌和丽蚜小蜂等商品性天敌，防治蚜虫、粉虱等害虫。

②可采用病毒、线虫、微生物及其制剂防治病虫害。

6. 药剂防治

（1）无公害农产品、绿色食品蔬菜

①猝倒病、立枯病：除用苗床撒药土外，还可用64%恶霜灵+代森锰锌500倍液喷雾，安全间隔期3d。

②灰霉病：50%腐霉利可湿性粉剂1 000倍液喷雾，安全间隔期1d；2%武夷菌素100倍液喷雾，安全间隔期2d。

③早疫病：70%代森锰锌500倍液喷雾，安全间隔期15d；50%百菌清可湿性粉剂600倍液喷雾，安全间隔期7d；47%春雷霉素+氢氧化铜可湿性粉剂800～1 000倍液喷雾，安全间隔期21d。

④晚疫病：40%乙磷锰锌300倍喷雾，安全间隔期5d；还可用64%恶霜灵+代森锰锌500倍液喷雾，安全间隔期3d。

⑤叶霉病：2%武夷菌素150倍液喷雾，安全间隔期2d；47%春雷霉素+氢氧化铜可湿性粉剂800倍液喷雾，安全间隔期21d。

⑥病毒病：20%盐酸吗啉胍·铜500倍液喷雾，安全间隔期3d。

⑦蚜虫、粉虱：2.5%溴氰菊酯乳油或10%吡虫啉可湿性粉剂等2 000～3 000倍液喷施，安全间隔期分别为2d和7d。

⑧潜叶蝇：48%毒死蜱乳油1 000倍液喷雾，安全间隔期为1周。

注意，绿色食品蔬菜生产要求“每种化学合成农药在一种作物的生长期内只允许使用一次”，因此，必须轮换用药。

（2）有机蔬菜

①猝倒病、立枯病：除苗床用高锰酸钾处理外，还可用木（竹）醋液、1 000倍氨基酸铜等药剂防治。

②灰霉病、晚疫病：灰霉病发病初期喷施1%蛇床子素水剂800倍液，如发病较重则喷施500倍液，如病情严重可连续喷洒2～3次，间隔3～5d施药1次，叶片正反面均匀喷雾完全润湿至稍有液滴即可，安全间隔期5～7d。

③叶霉病：可选用用1∶1∶240倍波尔多液或50%多硫悬浮剂700～800倍液7～10d喷施1次，喷药时要保证均匀，重点是叶背面和地面。发病初期，喷施500倍碳酸氢钠水溶液，3d使用1次，连续5～6次，也可用于叶霉病防治。

④病毒病：发病初期500～800倍高锰酸钾喷雾，7～10d使用1次，连续2～3次。

⑤蚜虫：喷施70%印楝油稀释100～200倍，安全间隔期为7～10d；苦参碱或除虫菊素800～1 200倍液喷雾，重点在心叶和叶背；注意提早防治，蚜虫数量多时，可添加200倍竹醋液，效果更好，安全间隔期1周。

⑥潜叶蝇：成虫发生盛期（诱集器中成虫数量突然大增或雌、雄比例接近1∶1时）800～1 000倍苦参碱溶液喷雾，每7d使用1次，连续2～3次，消灭成虫。

三、采收、包装、标识、贮藏和运输

1. 采收

适时采收，番茄一般在果实顶端开始转红（变色期）时采收，有利于贮藏运输和后期果实发育；注意采收时戴手套、轻拿轻放。

2. 包装、标识、贮藏和运输

无公害农产品、绿色食品和有机产品的包装、标识、贮藏和运输分别按照相关标准要求执行。

第二节　茄子安全生产技术规程

一、产地环境

(一) 生产基地的选择

生产基地应选择边界清晰，生态环境良好，地势高燥，排灌方便，地下水位较低，土层深厚、疏松、肥沃的地块。

生产基地应远离城区、工矿区、交通主干线、工业污染源、生活垃圾场等。

(二) 生产基地环境质量要求

1. 无公害蔬菜

产地环境条件应满足 NY 5010—2002《无公害食品　蔬菜产地环境条件》的相关要求（详见第一章）。

2. 绿色食品蔬菜

产地环境条件应满足 NY/T 391—2000《绿色食品　产地环境技术条件》的相关要求（详见第一章）。

3. 有机蔬菜

产地环境条件应满足如下要求。

①土壤环境质量符合 GB 15618《土壤环境质量标准》中的二级标准。

②农田灌溉用水水质符合 GB 5084《农田灌溉水质标准》的规定。

③ 环境空气质量符合 GB 3095《环境空气质量标准》中的二级标准。

④ 保护地农作物的大气污染最高允许浓度符合 GB 9137

《保护农作物的大气污染物最高允许浓度》的规定。

二、生产技术

（一）保护设施

日光温室、塑料大棚和连栋温室等。

（二）种子和种苗选择

1. 种子和种苗选择的基本原则

应选择适应本地区土壤和气候特点，对病虫害具有抗性和耐性、优质、高产、耐贮运、商品性好、适合市场需求的茄子品种。

茄子依果实形状分为圆茄、长茄、卵茄三大类。圆茄如六叶茄、七叶茄、九叶茄等，长茄如线茄、鹰咀茄等，卵茄如灯泡茄等。应根据栽培条件、上市早晚、食用习惯等选用适宜品种。如早熟栽培，应选六叶茄、七叶茄，如延晚栽培应选用九叶茄。日光温室冬春茬、塑料拱棚早春栽培选择耐低温弱光、抗病害的品种；秋延后、秋冬茬栽培选择高抗病毒、耐热的品种；长季节栽培选择高抗、多抗病害，抗逆性好，连续结果能力强的品种。

2. 有机生产对种子与种苗的要求

有机生产中，种子和种苗应满足如下要求。

①应选择有机茄子种子或种苗，宜通过筛选和自然育种的方法获得有机种子或种苗，当从市场上无法获得有机种子或种苗时，可以选用未经禁用物质处理过的常规种子或种苗，但应制定获得有机种子和种苗的后续计划。

②不得使用转基因种子、种苗和砧木。

（三）育苗

1. 育苗设施

阳畦、小拱棚、大棚、日光温室都可作为育苗场所。冬季日光温室中育苗，由于播后进入严寒季节，宜选温室中间部分做育苗畦，这里温度高，阳光足，利于培育壮苗。宜采用工厂化育苗，并对育苗设施进行消毒处理。

2. 营养土

因地制宜选用无病虫源的田土、腐熟农家肥、矿质肥料、草炭、木（竹）醋液、草木灰、有机肥（或蚯蚓粪）等，按一定比例配置营养土。营养土要求疏松、保肥、保水，营养全面。无公害蔬菜及绿色食品蔬菜可适当添加化肥，以满足肥力要求。

3. 育苗钵和播种床

优先使用育苗钵或穴盘育苗；使用育苗床育苗应先将配置好的营养土均匀铺于育苗床上，厚度约10cm。苗床消毒方法如下。

（1）无公害农产品、绿色食品蔬菜

40%甲醛（福尔马林）30～50mL/m^2，加水3L，喷洒床土，用塑料薄膜闷盖3d后揭膜，待气体散尽后播种；再用50%多菌灵可湿性粉剂8g/m^2，拌上细土均匀薄撒于床面上，防治猝倒病。

（2）有机蔬菜

每平方米播种苗床用高锰酸钾30～50g，加水3L，喷洒于苗床上。

4. 种子处理

（1）无公害农产品、绿色食品蔬菜

先用清水浸种3～4h，再放入40%甲醛溶液中浸泡15min，捞出洗净，主要防治褐纹病。

（2）有机蔬菜

可选择如下方式浸种。

①温汤浸种：用50～60℃温水浸种，对杀灭病菌和促进发芽均有利，浸种时要先倒水，后放种子，并不断搅拌，以免烫伤种于，当水温降到30℃后再静置7～8h，搓洗和捞出种子。

②药剂浸种：选用0.1%高锰酸钾溶液浸种20min后，反复用清水冲洗种子，再进行温汤浸种，有利于消除种皮带菌，加速

出苗。

5. 催芽

将捞出的种子放入消毒纱布内，外面再用湿麻袋片包好，放在30~35℃条件下催芽，催芽过程中，每天淘洗1~2次，每6~8h翻动一次，以便补水补氧，受热均匀；当种子萌动后降温至25~30℃，并进行16h 30℃和8h 20℃的变温处理，一般有5~6d出小芽即可播种。

（四）播种

1. 播种期

根据栽培季节、育苗手段和壮苗标准确定适宜的播种期。

2. 播种量

根据种子大小及定植密度，每667m^{2}栽培面积用种量20~25g。

3. 播种方法

当催芽种子70%以上破嘴（露白）即可播种。夏秋育苗直接用消毒后种子播种。播种前苗床浇足底水，湿润至床土深10cm。水渗下后用营养土薄撒一层，均匀撒播。茄子不可过密，每100cm^{2}撒种40粒，播后覆1~1.5cm厚的过筛细土。播种宜选晴天上午进行。

（五）苗期管理

1. 温度

育苗期间，茄子适宜的地温见表5-4。寒冷季节播后应在播种畦面上扣小棚保温。

表5-4　苗期温度管理指标　（单位：℃）

时　期	日　温	夜　温	备　注
播种至出苗	28~30	>20	不通风
出苗至2叶1心	25	18~15	适当通风、保持光照

（续表）

时　期	日　温	夜　温	备　注
分苗后缓苗	28～30	18	适当通风、增强光照
真叶1.5～3片时	25	15	适当通风、增强光照
定植前一周	20	10	加大通风，最后去掉覆盖物

2. 光照

冬春育苗，有增光条件的可在温室内用反光膜补光，上午8～9时日出后气温回升应揭开覆盖物以利透光，下午3～4时进行盖帘保温。原则是在保温前提下，尽量增加光照。夏秋育苗则要适当遮光降温。

3. 水分

播种畦应严格控制浇水，一般分苗前不浇水。春茬茄子，整个育苗期间的水分管理要掌握每次灌水要灌足，尽量减少灌水次数，避免降低地温；秋茬茄子为避免高温，要少浇勤浇水，保持苗期土壤经常湿润。

4. 肥水管理

苗期以控水肥为主。幼苗3叶1心时，分苗于育苗容器中，摆入苗床。喷施300倍木（竹）醋液或500倍液氨基酸铜。在秧苗4～5叶时，可结合苗情追提苗肥。

5. 扩大营养面积

秧苗4～5叶时加大苗距，保湿保温。

6. 壮苗指标

茄子壮苗的标准是：苗高15～20cm，茎粗壮（0.6cm以上），有6～8片真叶，叶片肥厚，叶色浓绿，无病虫害。

（六）定植

1. 定植前准备

（1）整地

基肥的施入量：磷肥为总施肥量的80%以上，氮肥和钾肥为总施肥量的 50% ~60%。根据保护地肥力水平、生育季节、生长状况和目标产量，确定施肥量；每生产 1 000kg 茄子，需从土壤中吸取氮 2.6 ~3.0kg，磷 0.7 ~1.0kg，钾 3.1 ~5.5kg。

无公害蔬菜、绿色食品蔬菜：农家肥中的养分含量不足时用化肥补充。

有机蔬菜：定植前深翻土壤，使其疏松，同时每 667m^2 施入腐熟有机肥 5 000 ~7 500kg、50kg 磷矿粉、200kg 草木灰。根据栽培条件、季节、品种等不同，选择平畦、高畦、沟畦等方式。

（2）棚室消毒

在定植前对进行棚室进行高温闷棚或药剂熏蒸等消毒工作，有机蔬菜生产消毒时不得使用化学合成物质。

2. 定植时间和方法

（1）定植时间

10cm 内土壤温度稳定达到 10℃以上。

（2）定植方法

定植选晴天上午定植。采用大小行栽培，覆盖地膜。根据品种特性、整枝方式、气候条件及栽培习惯，每 667m^2 定植 2 000 ~2 500 株。茄子应当深栽，深度以子叶节与土壤平齐为度。

（七）田间管理

1. 栽培管理

茄子喜温怕冷，露地栽培必须在无霜期进行。茄子最忌重茬，一般要求 5 年内不与辣椒、番茄等茄果类蔬菜重茬。

宜制订生产和轮作计划，宜与非茄果类作物（如豆科作物、叶菜类等）轮作；宜利用种植豆科作物、绿肥、禾本科作物，免耕或土地休闲等方式恢复土壤肥力。有机蔬菜生产须进行包括豆科作物在内的至少 3 种作物轮作。

宜采用合理的灌溉方式（如滴灌、渗灌等）；有机蔬菜生产不得大水漫灌。

2. 环境调控

（1）温度

大棚、温室茄子温度管理上要保持高温，白天维持25～30℃，夜间15～17℃，缓苗到门茄坐果后，可适当偏低温，夜温保持10～13℃，以减少呼吸消耗。加强放风防病，阴天尽量保温。

（2）光照

采用透光性好的功能膜，冬春季节保持膜面清洁，白天揭开保温覆盖物。夏秋季节遮阳降温。

3. 灌水

（1）露地茄子

定植后浇定植水，7～10d后浇缓苗水，然后中耕蹲苗。当门茄核桃大小时结束蹲苗。

（2）大棚、温室茄子

大棚、温室茄子由于定植早、温度低，缓苗困难，定植后要少浇水，4～5d后再浇缓苗水，而后中耕松土。

4. 施肥

蹲苗结束后追肥浇水，随水施入腐熟的沼液。门茄收获后，再结合浇水重点追肥，追施腐熟有机肥，待地表干湿适宜时，进行培土。第三层4个果实膨大时，再追施一次有机肥和钾肥，不要追磷肥。

5. 植株调整

①吊蔓或插架：用尼龙绳吊蔓或用细竹竿插架。

②去侧枝、打老叶：及时去掉门茄之下各叶腋潜伏芽形成的侧枝；收获后，还要将下部老叶打去；封垄后要不断摘除病叶、老叶、黄叶，以利通风透光防病。

（八）病虫害防治

1. 主要病虫害

主要病害：绵疫病、黄萎病、褐纹病等。

主要虫害：白粉虱、茶黄螨、蓟马、二十八星瓢虫等。

2. 防治原则

按照预防为主，综合防治的植保方针，坚持以农业防治、物理防治、生物防治为主，药剂防治为辅的原则。

3. 农业防治

①抗病品种：针对栽培季节及当地主要病虫害控制对象，选用高抗、多抗性品种。一般叶片较长，叶缘有缺刻，叶面茸毛多，叶色深的品种相对较耐黄萎病；而圆茄系较抗绵疫病；长茄系的白皮、绿皮品种较抗褐纹病。

②耕作改制：严格的轮作制度，与非茄科作物轮作 3 ~ 5 年以上。有条件的地区实行水旱轮作或夏季灌水闷棚。

③培育壮苗：应培育适龄壮苗，提高抗逆性。

④控温控湿：控制好温度和空气湿度，适宜的肥水，充足的光照和二氧化碳，通过放风和辅助加湿，调节不同生育期的适宜温度，避免低温和高温为害。

⑤采用深沟高畦、清洁田园等措施避免侵染性病害发生。

⑥控制结露：根据保护地内温度与结露的关系，降低盖苫温度，控制结露。

⑦科学管理：应减少氮肥的使用量，降低病虫害的发生；采用宽垄密植，勤打老叶，雨后及时排水，及时清除病果；发现病株立即拔除、深埋或销毁。

⑧设施防护：应采用防虫网、遮阳网等措施。

4. 物理防治

色板诱杀：每 5 ~ 7m^2 悬挂 1 块黄色粘虫板，方向与畦面一致，诱杀蚜虫、粉虱等害虫。随茄子生长调节黄板高度，使其高于茄子植株20cm，粘满害虫时，及时更换。覆盖灰色膜可驱避蚜虫。

5. 生物防治

① 宜保护利用瓢虫、草蛉、小花蝽等捕食性天敌和丽蚜小蜂等商品性天敌，防治蚜虫、粉虱等害虫。

② 可采用病毒、线虫、微生物及其制剂等防治病虫害。

6. 药剂防治

（1）无公害农产品、绿色食品蔬菜

①绵疫病：发病初期喷施75%百菌清可湿性粉剂500～700倍液。

②黄萎病：50%多菌灵可湿性粉剂500倍液灌根，株灌药液0.3～0.5kg。

③褐纹病：75%百菌清可湿性粉剂600倍液，视病情隔7～10d再喷1次70%代森锰锌可湿性粉剂400～500倍液。

④粉虱、蓟马、叶螨：2.5%溴氰菊酯乳油或10%吡虫啉可湿性粉剂等2 000～3 000倍液喷施，安全间隔期分别为2d和7d。

⑤二十八星瓢虫：2.5%溴氰菊酯乳油，或2.5%联苯菊酯乳油，或10%吡虫啉可湿性粉剂3 500～4 500倍液喷雾，安全间隔期分别为2d、4d和7d。

注意，绿色食品蔬菜生产要求“每种化学合成农药在一种作物的生长期内只允许使用一次”，因此，必须轮换用药。

（2）有机蔬菜

①绵疫病：发病初期可喷洒1∶1∶200波尔多液，或木醋液300～500倍液，或硫酸铜200倍液，每7d施用1次，连续2～3次，可兼治褐纹病。

②黄萎病：定植前10d，在地面喷洒5°Bé石硫合剂，翻入地下；或高锰酸钾500倍液灌根，株灌药液0.3～0.5kg，隔10d施用1次，连续2～3次。

③褐纹病：发病初期喷洒木醋液水剂 200 倍液，视病情隔 7～10d 再喷 1 次木醋液 300 倍液。

④叶螨、蓟马、粉虱：喷施 70% 印楝油稀释 100～200 倍，安全间隔期为 7～10d；苦参碱或除虫菊素 800～1 200倍喷雾，重点在心叶和叶背；注意提早防治，蚜虫数量多时，可添加 200 倍竹醋液，效果更好，安全间隔期 1 周。

⑤二十八星瓢虫：5% 鱼藤酮可溶性液剂 400～600 倍清晨或傍晚喷雾，安全间隔期为 5～7d。

三、采收、包装、标识、贮藏和运输

（一）采收

适时采收，茄子为嫩果采收，要及时采收门茄。当茄子萼片与果实相连处的白色或淡绿色的环状带已趋于不明显或正在消失时及时采收。宜在清晨采收。注意采收时戴手套、轻拿轻放。

（二）包装、标识、贮藏和运输

无公害农产品、绿色食品与有机产品的包装、标识、贮藏和运输分别按照相关标准进行。

第三节　甜椒/辣椒安全生产技术规程

一、产地环境

（一）生产基地的选择

生产基地应选择边界清晰，生态环境良好，地势高燥，排灌方便，地下水位较低，土层深厚、疏松、肥沃的地块。

生产基地应远离城区、工矿区、交通主干线、工业污染源、

生活垃圾场等。

（二）生产基地环境质量要求

1. 无公害蔬菜

产地环境条件应满足 NY 5010—2002《无公害食品　蔬菜产地环境条件》的相关要求（详见第一章）。

2. 绿色食品蔬菜

产地环境条件应满足 NY/T 391—2000《绿色食品　产地环境技术条件》的相关要求（详见第一章）。

3. 有机蔬菜

产地环境条件应满足如下要求。

①土壤环境质量符合 GB 15618《土壤环境质量标准》中的二级标准；

②农田灌溉用水水质符合 GB 5084《农田灌溉水质标准》的规定；

③环境空气质量符合 GB 3095《环境空气质量标准》中二级标准；

④保护地农作物的大气污染最高允许浓度符合 GB 9137《保护农作物的大气污染物最高允许浓度》的规定。

二、生产技术

（一）保护设施

日光温室、塑料大棚和连栋温室等。

（二）种子和种苗选择

1. 种子和种苗选择的基本原则

应选择适应本地区土壤和气候特点，对病虫害具有抗性和耐性、优质、高产、耐贮运、商品性好、适合市场需求的品种。

辣椒多呈细长型或羊角型，如杭椒、牛角椒等。甜椒多呈灯笼形或柿子形。设施栽培应选早熟、丰产、株形紧凑、适于密植的品种。

2. 有机生产对种子与种苗的要求

有机生产中，种子和种苗应满足如下要求。

①应选择有机甜椒/辣椒种子或种苗，宜通过筛选和自然育种的方法获得有机种子或种苗，当从市场上无法获得有机种子或种苗时，可以选用未经禁用物质处理过的常规种子或种苗，但应制定获得有机种子和种苗的后续计划。

②不得使用转基因种子、种苗和砧木。

（三）育苗

1. 育苗设施

阳畦、小拱棚、塑料大棚、温室都可作为甜椒/辣椒育苗场所。

2. 营养土

营养土应富含有机质，有良好的物理性状，保水力强，通透性好。采用无菌园土与有机肥的比例大致为6∶4，注意土壤消毒。

3. 育苗畦或育苗盘的准备：将配制好的营养土平铺在育苗床内，平整后待播种，也可将营养土装入育苗盘中，利用育苗盘播种，灵活方便。

4. 种子处理

（1）无公害农产品、绿色食品蔬菜

用10%磷酸三钠溶液中浸泡20min，捞出洗净，主要防治病毒病；用72%农用硫酸链霉素1 000倍液，浸泡30min，防治疮痂病。

（2）有机蔬菜

可选择如下方式浸种。

①药剂浸种：选用1%高锰酸钾溶液浸种15min后，反复用清水冲洗种子，之后再浸种，以消除种皮带菌。

②温汤浸种：将甜椒/辣椒种于侵入55℃温水中，并不断搅

拌，待水温降至30℃时停止搅拌，浸泡8～12h。

5. 催芽

种子经浸泡，吸足水分，用纱布包好，放在30℃条件下催芽。在催芽过程中，每天淘洗种子1～2次，还要翻动种子，以使受热均匀，出芽整齐。这样经过4～5d，出芽60%～70%时即可播种。芽出齐后，如需延迟播种，须在5～10℃条件下存放。

（四）播种

1. 播种期

根据栽培季节、育苗手段和壮苗标准确定适宜的播种期。

2. 播种量

根据种子大小及定植密度，每667m² 栽培面积用种量20～30g，播种床播种量5～10g/m²。

3. 播种方法

播种前，畦内先灌水，使水渗透到30cm土层；如育苗盘中播种，要先用喷壶浇透水。水渗后，在苗床或育苗盘中撒一层过筛细土，随后将种子均匀撒在苗床或育苗盘中，播后再覆盖1cm左右厚的营养土。

（五）苗期管理

1. 温度

播种后需在苗床或育苗盘上扣小拱棚，保温保湿，加速出苗，白天应保持30℃左右，夜间保持18～20℃；幼苗出齐，子叶展开后，白天棚温要降至25～27℃，夜间15～18℃，直至撤除小拱棚。分苗前3～4d，应进一步降低温度，日温维持25℃左右，夜温在15℃左右。分苗后1周内，仍需保持较高温度，严寒季节，分苗床上应加扣小拱棚，待新叶开始生长，新根已生出，应逐步放风降温，直至小拱棚撤除。定植前10～20d，进行低温锻炼，白天气温降至15～20℃，夜间降至5～10℃。

2. 光照

冬春育苗，有增光条件的可在温室内用反光膜补光，上午8～9时日出后气温回升，应揭开覆盖物以利透光，下午3～4时进行盖帘保温。原则是在保温前提下，尽量增加光照。夏秋育苗则要适当遮光降温。

3. 水分

播种畦应严格控制浇水，一般分苗前不浇水。分苗后，新根尚未大量生出，不宜浇大水。定植前4～6d，分苗床内充分浇水，第二天将苗带坨挖起，以备定植。

4. 肥水管理

苗期以控水肥为主。幼苗2叶1心时，分苗于育苗容器中，摆入苗床。喷施300倍木（竹）醋液或500倍液氨基酸铜。在秧苗4～5叶时，可结合苗情追提苗肥。

5. 扩大营养面积

秧苗2～3叶时加大苗距，保湿保温。

（六）定植

1. 定植前准备

（1）整地

根据保护地肥力水平、生育季节、生长状况和目标产量，确定施肥量；每生产1 000kg甜椒，需从土壤中吸取氮3.5～5.4kg，磷0.8～1.3kg，钾5.5～7.2kg。

无公害农产品、绿色食品蔬菜：农家肥中的养分含量不足时用化肥补充。

有机蔬菜：定植前翻地15～20cm，每667m^{2}施入腐熟有机肥5 000～7 500kg，60%撒施，40%沟施，基肥中每667m^{2}加磷矿粉50kg。

（2）棚室消毒

在定植前对进行棚室进行高温闷棚或药剂熏蒸等消毒工作，

有机蔬菜生产消毒时不得使用化学合成物质。

2. 定植时间和方法

（1）定植时间

10cm 内土壤温度稳定达到 10℃以上。

（2）定植方法

定植选晴天上午定植。采用大小行栽培，覆盖地膜。根据品种特性、整枝方式、气候条件及栽培习惯，每 667m^2 定植 2 500 ~ 3 000株。

（七）田间管理

1. 栽培管理

甜椒与辣椒属喜温蔬菜，豆科、十字花科、葫芦科及绿肥均是很好的前茬。

宜制定甜椒与辣椒的生产和轮作计划，宜与非茄果类作物（如豆科作物、叶菜类等）轮作；宜利用种植豆科作物、绿肥、禾本科作物，以及免耕或土地休闲等方式恢复土壤肥力。有机蔬菜生产须进行包括豆科作物在内的至少 3 种作物轮作。

宜采用合理的灌溉方式如滴灌、渗灌等；有机蔬菜生产不得大水漫灌。

2. 环境调控

（1）温度

冬季设施栽培，定植后白天维持在 30 ~ 35℃，夜间四周覆盖防冻草帘，缓苗后棚温降至 28 ~ 30℃，开花坐果期再降至 20 ~ 25℃。

（2）光照

采用透光性好的功能膜，冬春季节保持膜面清洁，白天揭开保温覆盖物。夏秋季节遮阳降温。

3. 灌水

甜椒与辣椒定植后要浇定植水，水量不宜太大；8 ~ 10d 后再浇缓苗水；至70%植株门椒达2～3cm大时及时浇水；盛果期注意及时补充水分。

4. 施肥

蹲苗结束后追肥浇水，随水施入腐熟的沼液；70%植株门椒达2～3cm大时及时追有机肥；盛果期注意及时追肥。

5. 植株调整

①吊蔓或插架：用尼龙绳吊蔓或用细竹竿插架。

②去侧枝、打老叶：及时去掉门茄之下各叶腋潜伏芽形成的侧枝；收获后，还要将下部老叶打去；封垄后要不断摘除病叶、老叶、黄叶，以利于通风透光防病。

（八）病虫害防治

1. 主要病虫害

主要病害：病毒病、炭疽病、疫病、疮痂病等。

主要虫害：蚜虫、粉虱等。

2. 防治原则

按照预防为主，综合防治的植保方针，坚持以农业防治、物理防治、生物防治为主，药剂防治为辅的原则。

3. 农业防治

①抗病品种：针对栽培季节及当地主要病虫害控制对象，选用高抗、多抗性品种。一般甜椒/辣椒品种比甜椒抗病，早熟种常较晚熟种耐病。

②耕作改制：严格的轮作制度。与非茄科作物轮作3～5年以上。有条件的地区实行水旱轮作或夏季灌水闷棚。

③培育壮苗：应培育适龄壮苗，提高抗逆性。

④控温控湿：控制好温度和空气湿度，适宜的肥水，充足的光照和二氧化碳，通过放风和辅助加湿，调节不同生育期的适宜温度，避免低温和高温为害。

⑤采用深沟高畦、清洁田园等措施避免侵染性病害发生。

⑥控制结露：根据保护地内温度与结露的关系，降低盖苫温度，控制结露。

⑦科学管理：应减少氮肥的使用量，降低病虫害的发生；采用宽垄密植，勤打老叶，雨后及时排水，及时清除病果；发现病株立即拔除、深埋或销毁。

⑧设施防护：应采用防虫网、遮阳网等措施。

4. 物理防治

色板诱杀：每5～7m^2悬挂1块黄色粘虫板，方向与畦面一致，诱杀蚜虫、粉虱等害虫。随甜椒/辣椒生长调节黄板高度，使其高于植株20cm，粘满害虫时，及时更换。覆盖灰色膜可驱避蚜虫。

5. 生物防治

①宜保护利用瓢虫、草蛉、小花蝽等捕食性天敌和丽蚜小蜂等商品性天敌，防治蚜虫、粉虱等害虫。

②可采用病毒、线虫、微生物及其制剂等防治病虫害。

6. 药剂防治

（1）无公害农产品、绿色食品蔬菜

①炭疽病：发病初期喷施75%百菌清500～700倍液，每7～10d使用1次，连续2次。

②疫病：发病初期农用链霉素400倍液灌根。

③疮痂病：发病初期用72%农用链霉素可湿性粉剂4 000倍液，或14%络氨铜水剂300倍液，每7～10d使用1次，连续喷施2次。

④蚜虫、粉虱：2.5%溴氰菊酯乳油或10%吡虫啉可湿性粉剂等2 000～3 000倍液喷施，安全间隔期分别为2d和7d。

注意，绿色食品蔬菜生产要求“每种化学合成农药在一种作物的生长期内只允许使用一次”，因此，必须轮换用药。

（2）有机蔬菜

①炭疽病：发病初用1∶1∶200倍波尔多液或硫酸铜200倍液喷雾，每7d使用1次，连喷2～3次；或者用500倍碳酸氢钠

水溶液，每3d喷施1次，连续5～6次。

②疫病：发病初期每667m² 随灌水加施硫酸铜晶体1.5～2.5kg；发病初期喷洒0.1%高锰酸钾和0.2%木醋液，严重时隔7～10d再喷药1次。

③疮痂病：发病初期喷施800倍高锰酸钾水溶液，每7～10d使用1次，连续防治2～3次。

三、采收、包装、标识、贮藏和运输

（一）采收

适时采收。宜在清晨采收，注意采收时戴手套、轻拿轻放。

（二）包装、标识、贮藏和运输

无公害农产品、绿色食品与有机产品的包装、标识、贮藏和运输分别按照相关标准进行。

第四节　黄瓜安全生产技术规程

一、产地环境

（一）生产基地的选择

生产基地应选择边界清晰，生态环境良好，地势高燥，排灌方便，地下水位较低，土层深厚、疏松、肥沃的地块。

生产基地应远离城区、工矿区、交通主干线、工业污染源、生活垃圾场等。

（二）生产基地环境质量要求

1. 无公害蔬菜

产地环境条件应满足NY 5010—2002《无公害食品　蔬菜产

地环境条件》的相关要求（详见第一章）。

2. 绿色食品蔬菜

产地环境条件应满足 NY/T 391—2000《绿色食品　产地环境技术条件》的相关要求（详见第一章）。

3. 有机蔬菜

产地环境条件应满足如下要求。

①土壤环境质量符合 GB 15618《土壤环境质量标准》中的二级标准。

②农田灌溉用水水质符合 GB 5084《农田灌溉水质标准》的规定。

③ 环境空气质量符合 GB 3095《环境空气质量标准》中二级标准。

④ 保护地农作物的大气污染最高允许浓度符合 GB 9137《保护农作物的大气污染物最高允许浓度》的规定。

二、生产技术

（一）保护设施

日光温室、塑料大棚和连栋温室等。

（二）土壤肥力等级划分

根据土壤中有机质、全氮、碱解氮、速效氮、速效钾等含量的高低而划分。具体等级指标见表 5 –5。

表 5 –5　设施黄瓜土壤肥力分级

肥力等级	土壤养分测试值				
	全氮（g/kg）	有机质（g/kg）	碱解氮（mg/kg）	速效磷（P_2O_5）（mg/kg）	速效钾（K_2O）（mg/kg）
低肥力	0.7 ~ 1.0	<15	60 ~ 80	40 ~ 70	70 ~ 100

（续表）

肥力等级	土壤养分测试值				
	全氮（g/kg）	有机质（g/kg）	碱解氮（mg/kg）	速效磷（P_2O_5）（mg/kg）	速效钾（K_2O）（mg/kg）
中肥力	1.0～1.3	15～25	80～100	70～100	100～130
高肥力	1.3～1.6	>25	100～120	100～130	130～160

（三）种子和种苗选择

1. 种子和种苗选择的基本原则

选择适应本地区土壤和气候特点，对病虫害具有抗性和耐性、优质、高产、耐贮运、商品性好、适合市场需求的黄瓜品种。日光温室冬春茬、塑料拱棚早春栽培选择耐低温弱光、抗病害的品种；春夏、夏秋、秋延后和秋冬茬栽培选择高抗病毒、耐热的品种；长季节栽培选择高抗、多抗病害，抗逆性好，连续结果能力强的品种。

2. 有机生产对种子与种苗的要求

有机生产中，种子和种苗应满足如下要求。

①应选择有机黄瓜种子或种苗。当从市场上无法获得有机种子或种苗时，可以选用未经禁用物质处理过的常规种子或种苗，应制定获得有机种子和种苗的后续计划。

②不得使用转基因种子、种苗和砧木。

（四）育苗

1. 育苗设施

根据季节选用温室、大棚、温床等育苗设施；夏秋季育苗应配有防虫遮阳设施。宜采用工厂化育苗，并对育苗设施进行消毒处理。

2. 营养土

因地制宜选用无病虫源的田土、腐熟农家肥、矿质肥料、草炭、草木灰、有机肥（或蚯蚓粪）等，按一定比例配置营养土。营养土要求疏松、保肥、保水，营养全面，孔隙度约60%，pH值为5.5~7.5，有机质含量30~50g/kg，速效氮含量≥200mg/kg，速效磷含量150~200mg/kg，速效钾含量≥300mg/kg。无公害农产品及绿色食品蔬菜可适当添加化肥，以满足上述肥力要求。

3. 育苗钵和播种床

优先使用育苗钵或穴盘育苗。使用育苗床育苗应先将配置好的营养土均匀铺于育苗床上，厚度约10cm，苗床消毒方法如下。

①无公害农产品、绿色食品蔬菜：40%甲醛（福尔马林）30~50mL/m^2，加水3L，喷洒床土，用塑料薄膜闷盖3d后揭膜，待气体散尽后播种；用8~10g的50%多菌灵与50%福美双混合剂（按1∶1混合），与15~30kg细土混合均匀撒在床面。

②有机蔬菜：每平方米播种苗床用高锰酸钾30~50g，加水3L，喷洒于苗床上。

4. 种子处理

（1）无公害农产品、绿色食品蔬菜

50%多菌灵可湿性粉剂500倍液浸种1h，或40%甲醛（福尔马林）300倍液浸种1.5h，捞出洗净催芽。

（2）有机蔬菜

可选用如下方法浸种。

①温汤浸种：将种子放入50~55℃温水中浸泡、搅拌20min以上，至水温降至室温。

②干热灭菌：将种子以2~3cm的厚度摊放在恒温干燥器内，60℃通风干燥2~3h，然后再于75℃中处理3d。

③硫酸铜溶液浸种：先用0.1%硫酸铜溶液浸种5min，捞出种子，用清水冲洗3次后，再催芽播种。

④高锰酸钾溶液浸种：先用40℃温水浸种3~4h后捞出，再放入0.5%~1%高锰酸钾溶液中浸泡10~15min，再捞出，用

清水冲洗3次后，催芽播种。

5. 浸种催芽

消毒后的种子室温浸泡6～8h后，捞出控净水分，置于25～30℃条件恒温催芽，期间进行2～3次投洗、翻倒。

（五）播种

1. 播种期

根据栽培季节、育苗手段和壮苗标准确定适宜的播种期。

2. 播种量

根据种子大小及定植密度，育苗栽培每667m^{2}用种量150～200g（直播数量翻倍）。播种床播种量25～30g/m^2。

3. 播种方法

当催芽种子70%以上露白即可播种。播种前浇足底水，湿润至深10cm。播种后，均匀覆盖营养土1.0～1.5cm。

（六）苗期管理

1. 温度

夏秋育苗主要靠遮阳网。冬春育苗温度管理见表5－6。

表5－6　冬春育苗温度管理指标　（单位：℃）

时　间	日　温	夜　温	短时间最低温度
播种至齐苗	25～30	16～18	15
齐苗至分苗前	20～25	14～16	12
分苗至缓苗	28～30	16～18	13
缓苗后至定植前	25～28	14～16	13
定植前5～7d	20～23	10～12	10

2. 光照

冬春育苗采用补光灯、反光幕等补光、增光设施；夏秋育苗采用遮光降温。

3. 水分

分苗水应浇足。以后根据育苗季节和墒情适当浇水。

4. 肥水管理

苗期以控水肥为主。幼苗 2 叶 1 心时，分苗于育苗容器中，移入苗床。喷施 300 倍木（竹）醋液或 500 倍液氨基酸铜。在秧苗 3 ~4 叶时，可结合苗情追提苗肥。

5. 扩大营养面积

秧苗 2 ~3 叶时加大苗距。

6. 炼苗

冬春育苗，定植前 1 周，白天 20 ~23℃，夜间 10 ~12℃。夏秋育苗逐渐撤去遮阳物，适当控制水分。

7. 壮苗指标

子叶完好，茎基粗，叶色浓绿，无病虫害。冬春育苗，4 ~5 片真叶，株高 15cm 左右。夏秋育苗，2 ~3 片叶，株高 15cm 左右。

（七）定植

1. 定植前准备

（1）整地

基肥施入量：磷肥全部作基肥，钾肥 60% ~70% 做基肥，氮肥 30% 做基肥。根据保护地肥力水平、生育季节、生长状况和目标产量，确定施肥量；每生产 1 000kg 黄瓜，需要氮 2. 8 ~3. 2kg、磷 1. 0kg、钾 4. 0kg。

无公害农产品、绿色食品蔬菜：基肥以优质农家肥为主，农家肥中的养分含量不足时用化肥补充。

有机蔬菜：基肥不得使用人粪尿和含有转基因产品的肥料；优先选用有机养殖场的畜禽粪便；来源于动物和植物的废弃物和农家肥（包括农场外畜禽粪便）应经过彻底腐熟且达到有机肥腐熟标准；矿质肥料和微量元素肥料应选用长效肥，并在施用前对其重金属含量或其他污染因子进行检测；利用磷矿粉、天然硫酸钾以及矿质钾镁肥补充钾、钙、镁等元素。

土壤应疏松，土壤颗粒小而均匀。根据当地种植习惯做畦。结合整地施入基肥。

（2）棚室消毒

在定植前对进行棚室进行高温闷棚或药剂熏蒸等消毒工作，有机蔬菜生产消毒时不得使用化学合成物质。

2. 定植时间和方法

（1）定植时间

10cm 内土壤温度稳定达到 12℃以上。

（2）定植方法

采用大小行栽培，覆盖地膜。根据品种特性、整枝方式、气候条件及栽培习惯，每 667m^2 定植 3 500～4 000株。

（八）田间管理

1. 栽培管理

宜制定黄瓜生产和轮作计划，宜与非葫芦科作物（如豆科作物、叶菜类等）轮作；宜种植豆科作物、绿肥、禾本科作物，以及利用免耕或土地休闲等方式恢复土壤肥力。有机蔬菜生产须进行包括豆科作物在内的至少 3 种作物轮作。

宜采用合理的灌溉方式（如滴灌、渗灌等）；有机蔬菜生产不得大水漫灌。

2. 环境调控

（1）温度

根据黄瓜生长发育对环境要求适当调整和控制温度；缓苗期夜温不低于 15℃；缓苗后夜温不低于 10℃。

（2）光照

采用透光性好的功能膜，冬春季节保持膜面清洁，白天揭开保温覆盖物，尽量增加光照强度和时间。夏秋季节遮阳降温。

（3）空气湿度

采用地面覆盖、滴灌或暗灌、通风排湿、温度调控等措施调控温室空气相对湿度。保持最佳空气相对湿度，缓苗期80%～90%，开花结瓜期70%～85%。

（4）二氧化碳

冬春季节适时放风或增施二氧化碳气肥，使设施内的浓度达到800～1 000mg/kg。

3. 灌水

采用膜下滴灌或暗灌。定植后及时浇水，3～5d后浇缓苗水。冬春季节不浇明水，土壤相对湿度冬春季节保持在60%～70%，夏秋季节保持在75%～85%。

4. 施肥

无公害农产品、绿色食品蔬菜：在扣除基肥部分后，分多次随水追施化学合成肥料。土壤微量元素缺乏的地区，还应针对缺素的状况增加追肥的种类和数量。

有机蔬菜：基肥施入的种类包括腐熟农家肥、动物性蛋白肥料（如羽毛粉、鱼粉或骨粉）和矿质肥料，根据黄瓜品种、养分需求和土壤肥力，调配营养元素平衡。

根据黄瓜的生长期的长短和对营养需求的变化确定施肥量和施肥时间。施肥的种类包括腐熟的农家肥、氨基酸类或腐殖酸类的冲施肥、沼液沼渣等，施肥的数量应控制在施肥总量的20%～30%。追肥的方式包括撒施、沟施和速水冲施。

叶面肥：叶面肥作为根外施肥的补充形式，主要种类包括氨基酸类或腐殖酸类叶面肥、微量元素肥料、沼液等，施肥的有效含量（以N计）不得超过总施肥量的10%。

5. 植株调整

①插架或吊蔓：用尼龙绳吊蔓或用细竹竿插架。

②摘心、打底叶：主蔓结瓜，侧枝留1瓜1叶摘心，长季节

栽培采用落蔓方式。病叶、下部老叶、畸形瓜及时打掉。

（九）病虫害防治

1. 主要病虫害

主要病害：立枯病、猝倒病、霜霉病、细菌性角斑病、白粉病、灰霉病、疫病等。

主要虫害：蚜虫、叶螨、白粉虱、烟粉虱、潜叶蝇、蓟马等。

2. 防治原则

按照预防为主，综合防治的植保方针，坚持以农业防治、物理防治、生物防治为主，药剂防治为辅的原则。

3. 农业防治

①抗病品种：针对栽培季节及当地主要病虫害控制对象，选用高抗、多抗性品种。

②耕作改制：实行严格的轮作制度，与非葫芦科科作物轮作3年以上。有条件的地区实行水旱轮作或夏季灌水闷棚。

③培育壮苗：应培育适龄壮苗，提高抗逆性。

④控温控湿：控制好温度和空气湿度，适宜的肥水，充足的光照和二氧化碳，通过放风和辅助加湿，调节不同生育期的适宜温度，避免低温和高温为害。

⑤采用深沟高畦、清洁田园等措施避免霜霉病等病害侵染发生。

⑥控制结露：根据保护地内温度与结露的关系，降低盖苫温度，控制结露。

⑦科学施肥：应减少氮肥的使用量，降低病虫害的发生；叶面喷施钙肥、硅肥等营养元素增强黄瓜的抗病虫害能力。

⑧设施防护：应采用设置虫网（门、通风口等处尤为重要）、遮阳网等防护措施。

4. 物理防治

色板诱杀：每5～7m^2悬挂1块黄色粘虫板，方向与畦面一致，诱杀蚜虫、粉虱等害虫。随黄瓜生长调节黄板高度，使其高于黄瓜植株20cm，粘满害虫时，及时更换。覆盖灰色膜可驱避蚜虫。

高温闷棚：选择晴天上午，浇足量水后封闭棚室，将棚温提高到46～48℃，持续2h，然后从顶部慢慢加大放风口，使室温缓缓下降。可每隔15d闷棚一次，闷棚后加强水肥管理。

5. 生物防治

①宜保护利用瓢虫、草蛉、小花蝽等捕食性天敌和丽蚜小蜂等商品性天敌，防治蚜虫、粉虱、叶螨、蓟马等害虫。

②可采用病毒、线虫、微生物及其制剂等防治病虫害。

6. 药剂防治

（1）无公害农产品、绿色食品蔬菜

①猝倒病、立枯病：除用苗床撒药土外，还可用64%恶霜灵+代森锰锌500倍液喷雾，安全间隔期3d。

②霜霉病：发病初期用80%代森锰锌可湿粉剂500倍液，或65%甲霜灵可湿粉剂1 000倍液喷雾，每年最多使用1次，安全间隔期为14d；或72%普力克可湿性粉剂1 000～1 500倍液，每季最多使用3次，安全间隔期为7d。

③灰霉病：发病初期，喷施65%甲霉灵可湿性粉剂800倍液，或50%腐雷利可湿性粉剂800～1 000倍液，或50%异菌脲可湿粉剂1 000倍液。

④白粉病：发病初期，可使用4%农抗120水剂400倍液，或70%甲基托布津可湿性粉剂800倍液，每季最多使用1次，安全间隔期为10d，或用10%世高水分散粒剂2 000倍液喷雾。

⑤细菌性角斑病：发病初期，用53.8%可杀得2000干悬浮剂1 000～1 200倍液，或47%加瑞农可湿性粉剂800倍液，每季

最多使用5次，安全间隔期为1d，隔7～10d使用1次，连续防治2～3次，采收前7d停止用药。

⑥疫病：发病初期，用72%克露可湿性粉剂800倍液，或50%甲霜铜可湿性粉剂500～600倍液，5～7d喷施1次，连续喷施2～3次。

⑦蚜虫、粉虱、蓟马、叶螨：2.5%溴氰菊酯乳油或10%吡虫啉可湿性粉剂2 000～3 000倍液喷施，安全间隔期分别为2d和7d。

⑧潜叶蝇：48%毒死蜱乳油1 000倍液喷雾；安全间隔期为1周。

注意，绿色食品蔬菜生产要求“每种化学合成农药在一种作物的生长期内只允许使用一次”，因此，必须轮换用药。

（2）有机蔬菜

①猝倒病、立枯病：除苗床用高锰酸钾处理外，还可用木（竹）醋液、1 000倍氨基酸铜等药剂防治。

②白粉病、霜霉病、灰霉病、炭疽病：发病初期，喷施70%印楝油，稀释100～200倍使用，安全间隔期为7～10d。

③霜霉病、灰霉病：发病初期喷施1%蛇床子素水剂800倍液，如发病较重则喷施500倍液，如病情严重可连续喷洒2～3次，间隔3～5d施药1次，叶片正反面均匀喷雾完全润湿至稍有液滴即可，安全间隔期5～7d。

④霜霉病：少量式波尔多液喷雾，伸蔓期以前使用240～300倍，结瓜期以后用200～240倍液。

⑤白粉病：发病初期，喷施碳酸氢钠500倍液，隔3d喷施1次，连续4～5次，既防白粉病，又可分解出二氧化碳，提高产量，也可用于炭疽病防治；或用40%多硫悬浮剂500倍液喷雾；或用可湿性硫黄粉300倍液喷雾；用0.1～0.2°Bé石硫合剂喷雾效果亦佳。

⑥细菌性角斑病防治：发病初期用硫酸铜：生石灰：水＝

1：2：300 的波尔多液，每 7d 喷施 1 次，连续 3～4 次。

⑦炭疽病防治：发病初期，叶面喷施 500 倍碳酸氢钠水溶液，每 3d 使用 1 次，连续 5～6 次。

⑧蚜虫、叶螨、蓟马、粉虱：喷施 70% 印楝油稀释 100～200 倍，安全间隔期为 7～10d；苦参碱或除虫菊素 800～1 200倍液喷雾，重点在心叶和叶背；注意提早防治，蚜虫数量多时，可添加 200 倍竹醋液，效果更好，安全间隔期 1 周。

⑨潜叶蝇防治：成虫发生盛期（诱集器中成虫数量突然大增或雌、雄比例接近 1：1 时）用 800～1 000倍苦参碱溶液喷雾，每 7d 使用 1 次，连续 2～3 次，消灭成虫。

三、采收、包装、标识、贮藏和运输

（一）采收

适时采收：黄瓜一般在定植 1 个月左右开始采收。达到该品种商品瓜标准及时采收。根瓜适当早收，盛果期隔日收，以利植株生长，提高产量。注意采收时戴手套、保留瓜柄、瓜刺、轻拿轻放。

（二）包装、标识、贮藏和运输

无公害农产品、绿色食品与有机产品的包装、标识、贮藏和运输分别按照相关标准要求进行。

第五节　西葫芦安全生产技术规程

一、产地环境

（一）生产基地的选择

生产基地应选择边界清晰，生态环境良好，地势高燥，排灌

方便，地下水位较低，土层深厚、疏松、肥沃的地块。

生产基地应远离城区、工矿区、交通主干线、工业污染源、生活垃圾场等。

（二）生产基地环境质量要求

1. 无公害蔬菜

产地环境条件应满足 NY 5010—2002《无公害食品　蔬菜产地环境条件》的相关要求（详见第一章）。

2. 绿色食品蔬菜

产地环境条件应满足 NY/T 391—2000《绿色食品　产地环境技术条件》的相关要求（详见第一章）。

3. 有机蔬菜

产地环境条件应满足如下要求。

①土壤环境质量符合 GB 15618《土壤环境质量标准》中的二级标准；

②农田灌溉用水水质符合 GB 5084《农田灌溉水质标准》的规定；

③ 环境空气质量符合 GB 3095《环境空气质量标准》中二级标准；

④ 保护地农作物的大气污染最高允许浓度符合 GB 9137《保护农作物的大气污染物最高允许浓度》的规定。

二、生产技术

（一）保护设施

日光温室、塑料大棚和连栋温室等。

（二）种子和种苗选择

1. 种子和种苗选择的基本原则

应选择适应本地区土壤和气候特点，对病虫害具有抗性和耐性、优质、高产、商品性好、适合市场需求的西葫芦品种。

日光温室冬春茬西葫芦应选用耐低温弱光、长势强、抗病、商品性好的短蔓早熟品种。西葫芦果实形状可分为圆形、椭圆形、长圆柱形等；嫩瓜皮色有白、金黄、浅绿、墨绿等，可根据当地消费习惯进行选择。

2. 有机生产对种子与种苗的要求

有机生产中，种子和种苗应满足如下要求。

①应选择有机西葫芦种子或种苗。宜通过筛选和自然育种的方法获得有机种子或种苗。当从市场上无法获得有机种子或种苗时，可以选用未经禁用物质处理过的常规种子或种苗，应制订获得有机种子和种苗的后续计划。

②不得使用转基因种子、种苗和砧木。

（三）育苗

1. 育苗设施

根据季节选择阳畦、拱棚、大棚、日光温室床等育苗设施，夏秋季育苗应配有防虫、遮阳、防雨等设施。宜采用工厂化育苗，并对育苗设施进行消毒处理。

2. 营养土

营养土要求疏松，保肥、保水性能良好，孔隙度约60%，pH值5.5～7.5，有机质2.5%～3%，速效磷含量20～40mg/kg，速效钾含量100～140mg/kg，碱解氮含量120～150mg/kg。因地制宜选用无病虫源田园土、腐熟农家肥、矿质肥料、草炭、木（竹）醋液、草木灰、有机肥（或蚯蚓粪）等配置。

有机蔬菜育苗可按照无病虫源的田园土、草炭和腐熟农家肥各1/3，或无病虫源的田土70%、优质腐熟农家肥30%比例进行配置。绿色食品蔬菜及无公害蔬菜育苗可酌情添加0.1%三元复合肥（N：P：K＝15：15：15）。

3. 育苗钵和播种床

优先使用育苗钵或穴盘育苗；使用育苗床育苗应先将配置好

的营养土均匀铺于育苗床上，厚度约10 ~15cm。苗床消毒方法如下。

①无公害蔬菜、绿色食品蔬菜：40%甲醛（福尔马林）30 ~50mL/m^2，加水3L，喷洒床土，用塑料薄膜闷盖3d后揭膜，待气体散尽后播种；或用50%多菌灵与50%福美双混合剂各8g等量混合，拌30kg细土，均匀撒于床面上。

②有机蔬菜：每平方米播种苗床用高锰酸钾30 ~50g，加水3L，喷洒于苗床上。

4. 种子处理

①无公害蔬菜、绿色食品蔬菜：50%多菌灵可湿性粉剂500倍液浸种1h，或40%甲醛（福尔马林）300倍液浸种1.5h，再用10%磷酸三钠浸种15 ~20min，捞出洗净催芽。

②有机蔬菜：先将种子放入清水或4%盐水中浸泡，去掉漂浮的瘪种子，然后将种子捞出放入55 ~60℃的温水中浸泡，温水与种子的比例约为5∶1，不断搅拌直至温度降至30℃左右时停止；或用800 ~1 000倍高锰酸钾溶液浸种20min。

5. 浸种催芽

消毒后的种子捞出，用清水洗去黏液，淘洗干净后控干水分，用湿（纱）布包好，置于25 ~30℃条件下催芽。每天用清水淘洗种子1 ~2次，淘洗后控干水分继续催芽。当芽长到0.5cm左右时即可播种。

（四）播种

1. 播种期

根据环境条件、育苗设施以及收获时间等因素综合确定播种期。在温光条件较好的地区利用保温性能好的温室进行生产，10月上旬至11月上旬播种，可于12月上旬至翌年1月上旬收获；温室结构稍差、温光条件不好的地区可适当推迟播种期，以供应早春市场。

2. 播种量

根据定植密度、种子的发芽率、种子纯度等条件确定播种量，可额外增加10% ~20%的备用苗以备补苗之用。种子发芽率好、纯度高，每667m^{2}栽培面积用种量一般为0.3kg左右。

3. 播种方法

选择直径8~10cm，高度8~10cm营养钵，营养土填放到营养钵高2/3处，稍加镇压，然后码放育苗畦内。

播种前给营养钵浇一次透水，待水渗下去后即可播种，播后覆营养土1~1.5cm。冬春播种育苗畦上覆盖地膜，气温低时宜铺设地热线；夏秋播种育苗床面覆盖遮阳网或稻草，当70%幼苗顶土时撤除覆盖物。种子拱土时，撒一层过筛营养土，加快种壳脱落。

（五）苗期管理

1. 温度

夏秋育苗主要靠遮阳网。冬春育苗温度管理见表5-7。

表5-7　冬春育苗温度管理指标　（单位:℃）

时　期	白天适宜温度	夜间适宜温度	最低温度
播种至出土	25~30	18~20	15
出土至分苗	20~25	13~15	10
分苗后至缓苗	28~30	16~18	13
缓苗后至炼苗	20~25	10~15	10
定植前5~7d	15~25	10~12	8

2. 光照

冬春育苗采用补光灯、反光幕等补光、增光设施；夏秋育苗采用遮光降温。

3. 水分

播种时浇足水，自出苗至第一片真叶展开前不浇水；第一片真叶出现到定植，苗床要见干见湿，干湿交替；定植前1周左右要进行炼苗，注意控制水分。

4. 肥水管理

苗期以控水肥为主。在秧苗 2 ~ 3 叶时，有机蔬菜可结合苗情喷施 300 倍木（竹）醋液或 500 倍氨基酸铜；无公害或绿色食品蔬菜可追 0.3% 尿素。

5. 壮苗标准

日光温室冬春茬西葫芦的苗龄 30d 左右，三叶一心或第四片真叶展开，茎粗 0.5cm 左右，株高 10cm，节间短，叶片的长度与叶柄的长度相同，叶色深绿，根系发达，无病虫害，两片子叶肥大，且保存完好。

（六）定植

1. 定植前准备

（1）整地

前茬作物采收完毕后，清除干净田间杂草及长茬作物的残株，整平地面，根据土壤肥力和目标产量确定施肥总量。磷肥全部作基肥，钾肥 2/3 做基肥，氮肥 1/3 做基肥。基肥以优质农家肥为主，2/3 撒施，1/3 沟施，按照当地种植习惯做畦。

日光温室冬春茬栽培西葫芦宜采用大小行、高垄或小高垄、滴灌或膜下暗灌栽培。

（2）棚室消毒

棚室在定植前需进行消毒：有机蔬菜可将硫黄粉（每 667m^2 用硫黄粉 2.0 ~ 3.5kg）与 2 倍锯末混匀，置于小花盆内，分 10 处点燃，密闭熏闷 24h，通气 1d 后种植，可防治白粉病、灰霉病、软腐病等病害。无公害及绿色食品蔬菜可在此基础上添加 80% 敌敌畏乳油 250g 共同熏蒸。

2. 定植时间和方法

（1）定植时间

冬春季节，10cm 以内土温稳定通过 12℃ 后定植；定植前

10～15d 宜扣棚烤地，以提高地温。

(2) 定植方法

晴天上午进行，选择大小一致、无病虫为害的壮苗进行定植。定植后浇足定植水。

日光温室冬春茬西葫芦的定植密度因品种、栽培方式的不同而不同，一般定植密度每公顷 24 000～36 000株。

(七) 田间管理

1. 栽培管理

(1) 宜制定西葫芦生产和轮作计划，宜与非葫芦科作物（如豆科作物、叶菜类等）轮作 3 年以上；宜利用种植豆科作物、绿肥、禾本科作物，以及免耕或土地休闲等方式恢复土壤肥力。有机蔬菜生产须进行包括豆科作物在内的至少 3 种作物轮作。

(2) 宜采用合理的灌溉方式如滴灌、渗灌等；有机蔬菜生产不得大水漫灌。

2. 环境调控

(1) 温度

西葫芦田间生长各阶段适宜温度见表 5－8。

表 5－8　田间温度管理指标　（单位：℃）

时　期	白天适宜温度	夜间适宜温度	最低温度
缓苗期	23～28	10～12	10
缓苗至开花坐果	20～25	12～15	8
结瓜期	23～28	10～18	10

(2) 光照

尽量增加光照，常用措施包括：选用叶片缺刻较深、耐低温、耐弱光的品种为主；定植时合理密植，避免因密度过大植株间相互遮阴；吊蔓栽培使植株向空间发展；在温室后墙张挂反光幕增加光照；采用透光性好的功能膜，冬春季节保持膜面清洁，白天揭开保温覆盖物，尽量增加光照强度和时间。

夏秋季节遮阳降温。

（3）空气湿度

采用地面覆盖、滴灌或暗灌、通风排湿、温度调控等措施调控温室空气相对湿度。保持最佳空气相对湿度，缓苗期80%～90%、开花结瓜期70%～85%。

（4）二氧化碳

冬春季节适时放风或增施二氧化碳气肥，使设施内的二氧化碳浓度达到800～1 000mL/m^3。

3. 灌水

浇足定植水后至根瓜膨大前一般不浇水。根瓜迅速膨大时，开始浇水，选择晴天的上午进行，一般每10～15d浇水一次。宜采用滴灌设施时，或地膜下浇水（即膜下暗灌）。春季温度回升后，一般7d左右浇一水；生长后期温度升高，昼夜通风时，一般每隔4d左右浇一水，以保证植株生长及果实膨大对水分的需求。

4. 施肥

根据西葫芦生长势和生育期长短，按照平衡施肥要求施肥：有机蔬菜一般每公顷须施入腐熟有机肥75 000kg；根瓜膨大时可随水追施，一般每次每公顷施沼液7 500kg。无公害、绿色蔬菜可适时追施氮肥和磷、钾肥，同时，应有针对性地喷施微量元素肥料，根据需要可喷施叶面肥防早衰。

5. 植株调整

（1）吊蔓、打卷须

八九片叶时开始用尼龙绳吊蔓；绑蔓应经常进行，注意不能将绳缠绕在小瓜上，同时随着绑蔓调整植株的叶柄，使之横向展开。

西葫芦长势较强，侧枝发生较强，为促进坐瓜和果实膨大，应及时打掉侧枝和卷须。

（2）授粉

气温低时，宜进行人工辅助授粉（对花），可在早晨花开后开始，近中午时结束。将雄花摘下，向雌花上轻轻涂抹花粉即可，一般每朵雄花可授粉3朵雌花。

也可使用熊蜂或中国蜜蜂进行授粉。

（八）病虫害防治

1. 主要病虫害

主要病害：猝倒病、白粉病、病毒病、灰霉病等。

主要虫害：蚜虫、白粉虱、叶螨等。

2. 防治原则

宜优先选用抗性品种、物理措施处理种子、培育壮苗、强化科学栽培管理措施、清洁田园、轮作换茬等一系列有效措施防治病虫害。尽量采用物理（防虫网、遮阳网、灯光诱杀、黄板粘贴等）与化学（糖醋酒液诱杀）、人工与机械捕杀、天敌利用等综合防治技术，保持农业生态系统的平衡和生物多样化环境，将各种病虫害所造成的经济损失降低到最低水平。

3. 农业防治

①提高抗性：针对当地主要病虫害发生情况，选用高抗品种；培育适龄壮苗、低温炼苗，提高植株抗逆性。

②耕作改制：与非葫芦科、十字花科蔬菜轮作3以上，病重地区宜与葱蒜类蔬菜轮作。

③嫁接育苗：西葫芦子叶平展，第一片真叶微露时，采用靠接法嫁接，砧木可选用亲和力强的黑籽南瓜，能够显著提高植株的抗病性。

④控制湿度：合理密植，结合高垄覆膜和吊蔓栽培，增加通

风透光率，减少棚室内湿度；禁止大水漫灌，注意通风透光，雨后及时排水。

⑤清园：发现病株随时摘除，并撒石灰或淋灌病穴。幼果闭花 3d 后，开始摘除雌花及凋谢雄花，及时清除感病的花、果，摘除病叶及植株下部老叶，于棚室外集中销毁，摘除生有霉层的病部时，应先用塑料袋套住发病部位再行清除，可以减少灰霉病的发生。

4. 物理防治

①设施防护：应采用设置防虫网（门、通风口等处尤为重要）、遮阳网等措施。

②色板诱杀：每 5 ~ 7m^2 悬挂 1 块黄色粘虫板，方向与畦面一致，诱杀蚜虫、粉虱等害虫。随西葫芦生长调节黄板高度，使其高于西葫芦植株 20cm，粘满害虫时，及时更换。覆盖灰色膜驱避蚜虫。

5. 生物防治

①宜保护利用瓢虫、草蛉、小花蝽等捕食性天敌和丽蚜小蜂等商品性天敌，防治蚜虫、粉虱等害虫。

②可采用病毒、线虫、微生物及其制剂等防治病虫害。

6. 药剂防治

参见本章第四节“黄瓜安全生产技术规程”中的“病虫害防治”。

三、采收、包装、标识、贮藏和运输

（一）采收

及时分批采收，根瓜应适当提早采摘。宜在清晨采收，注意采收时戴手套、轻拿轻放。

（二）包装、标识、贮藏和运输

无公害农产品、绿色食品与有机产品的包装、标识、贮藏和运输分别按照相关标准要求进行。

第六节　菜豆安全生产技术规程

一、产地环境

（一）生产基地的选择

生产基地应选择边界清晰，生态环境良好，地势高燥，排灌方便，地下水位较低，土层深厚、疏松、肥沃的地块。生产基地应远离城区、工矿区、交通主干线、工业污染源、生活垃圾场等。

（二）生产基地环境质量要求

1. 无公害蔬菜

产地环境条件应满足 NY 5010—2002《无公害食品　蔬菜产地环境条件》的相关要求（详见第一章）。

2. 绿色食品蔬菜

产地环境条件应满足 NY/T 391—2000《绿色食品　产地环境技术条件》的相关要求（详见第一章）。

3. 有机蔬菜

产地环境条件应满足如下要求。

①土壤环境质量符合 GB 15618《土壤环境质量标准》中的二级标准。

②农田灌溉用水水质符合 GB 5084《农田灌溉水质标准》的规定。

③ 环境空气质量符合 GB 3095《环境空气质量标准》中二级标准。

④ 保护地农作物的大气污染最高允许浓度符合 GB 9137《保护农作物的大气污染物最高允许浓度》的规定。

二、生产技术

（一）生产设施

宜露地种植，亦可利用日光温室、塑料大棚和连栋温室等。

（二）种子和种苗选择

1. 种子和种苗选择的基本原则

菜豆分为矮生和蔓生等类型，应选择适应本地区土壤和气候特点，对病虫害具有抗性的优质、高产、商品性好、适合市场需求的菜豆品种。

2. 有机生产对种子与种苗的要求

有机生产中，种子和种苗应满足如下要求。

①应选择有机菜豆种子。宜通过筛选和自然育种的方法获得有机种子。当从市场上无法获得有机种子时，可以选用未经禁用物质处理过的常规种子，应制定获得有机种子的后续计划。

②不得使用转基因种子。

（三）育苗

1. 育苗设施

菜豆适宜露地栽培，对日照要求不严格，利用保护地设施，如塑料薄膜拱棚、日光温室等，可进行春季早熟栽培和秋季延后栽培。

2. 营养土

因地制宜选用无病虫源的田土、腐熟农家肥、矿质肥料、草炭、木（竹）醋液、草木灰、有机肥（或蚯蚓粪）等，按一定比例配置营养土，营养土的配制比例为有机肥 30%、田土 40%、锯末或炉灰 30%，按比例混合均匀，每 1 000kg 营养土可加磷矿粉 20kg，草木灰 15～20kg。

营养土要求疏松、保肥、保水，营养全面，孔隙度约 60%，

pH 值 5.5 ~ 7.5，有机质含量 2.5% ~ 3%，有效磷 20 ~ 40mg/kg，速效钾 100 ~ 140mg/kg，碱解氮 120 ~ 150mg/kg。无公害蔬菜及绿色食品蔬菜可适当添加化肥，以满足肥力要求。

3. 育苗钵和播种床

优先使用育苗钵或穴盘育苗。使用育苗床育苗应先将配置好的营养土均匀铺于育苗床上，厚度约 10cm。苗床消毒方法如下。

①无公害农产品、绿色食品蔬菜：40% 甲醛（福尔马林）30 ~ 50mL/m^2，加水 3L，喷洒床土，用塑料薄膜闷盖 3d 后揭膜，待气体散尽后播种；再用 50% 多菌灵可湿性粉剂 8g/m^2，拌上细土均匀薄撒于床面上，防治猝倒病。

②有机蔬菜：每平方米播种苗床用高锰酸钾 30 ~ 50g，加水 3L，喷洒苗床上。

4. 种子处理

（1）无公害农产品、绿色食品蔬菜

选留品种纯、饱满、有光泽的种子，去掉破碎发霉的种子；将人工筛选好种子晾晒 2d，添加种子质量 0.5% 的 50% 多菌灵可湿性粉剂拌种，防治枯萎病和炭疽病；或用硫酸链霉素 500 倍液浸种 4 ~ 6h，防治细菌性疫病。

（2）有机蔬菜

可选择如下方法浸种。

①温汤浸种：将种子放入 50 ~ 55℃ 温水中浸泡、搅拌，至水温降至室温。

②高锰酸钾溶液浸种：先用 40℃ 温水浸种 3 ~ 4h 后捞出，再放入 0.5% ~ 1% 高锰酸钾溶液中浸泡 10 ~ 15min，再捞出，用清水冲洗干净，防治炭疽病。

（四）播种

1. 播种期

根据目标市场、栽培季节、育苗手段和壮苗标准确定适宜的播种期。春季菜豆宜适期早播，以利早熟丰产，当 10m 地温稳定在 10℃以上时即可播种，华北地区露地栽培可在终霜前 10d 左右播种，育苗栽培可终霜期其 20d 播种。

2. 播种量

根据种子大小及定植密度，矮生菜豆每 667m^2 栽培面积用种量 10kg，蔓生菜豆每 667m^2 栽培面积用种量 6kg。

3. 播种方法

充分消毒浸种后的种子可以进行播种。

露地直播：春季菜豆播种宜采用开沟播种或穴播，播种深度 4cm 左右。矮生菜豆行距 30cm，穴距 25cm，每穴播种 4～5 粒；蔓生菜豆用 1.5m 宽畦播 2 行，穴距 20cm，每穴播种 3～4 粒。

育苗移栽：将种子点播于营养钵中，每钵 2～3 粒。

（五）苗期管理

1. 温度

菜豆苗期适宜温度见表 5－9。

表 5－9　菜豆育苗阶段适宜温度　（单位：℃）

时　期	白天适宜温度	夜间适宜温度	最低温度
播种后至子叶展开	20～25	12～15	10
子叶展开至第一片真叶展开	15～20	10～15	8
第一片真叶至定植前 10d	20～25	15～20	12
定植前 10d	15～20	10～15	8
定植前 5d	15～20	5～12	5

2. 水分

菜豆秧苗耐旱，从播种到定植前基本不浇水，过于干旱时，可用喷壶喷洒畦面。定植前浇水，以利起苗，水量以湿透土方为度。

3. 查苗补苗

露地直播菜豆，第一片真叶展开时应及时查苗补苗，取生长健壮幼苗及时补苗，以做到苗齐苗壮。

4. 壮苗标准

子叶完好、第一片复叶初展，无病虫害。

（六）定植

1. 定植前准备

（1）整地

根据土壤肥力及目标产量确定施肥量。基肥的施入量：磷肥为总施肥量的100%，氮肥和钾肥为总施肥量的40%、60%。根据保护地肥力水平、生育季节、生长状况和目标产量，确定施肥量；每生产1 000kg架豆，需从土壤中吸取氮8.1kg，磷2.3kg，钾6.8kg。

无公害农产品、绿色食品蔬菜：农家肥中的养分含量不足时用化肥补充。

有机蔬菜：宜选土层深厚、土质疏松、3年以上未种过豆类蔬菜的地块。定植前深翻土壤，同时每667m^2施入充分腐熟的有机肥5 000kg、磷矿粉150kg、草木灰300kg。施入基肥后，做成平畦。

土地整平作畦后，先浇水淹畦，待畦内土壤湿度适宜时再播种。适于菜豆播种的土壤湿度一是般田间持水量的60%左右，可用手把土捏成团，掷落地上即散碎，说明土壤温度适宜。

（2）棚室消毒

在定植前对进行棚室进行高温闷棚或药剂熏蒸等消毒工作，有机蔬菜生产消毒时不得使用化学合成物质。

2. 定植时间和方法

（1）定植时间

10cm内土壤温度稳定达到10℃以上。

（2）定植方法

定植前 20～25d 应提早扣棚，以使棚内土壤完全解冻。菜豆定植时苗龄不可过大，当苗具 1～2 片真叶，尚未甩蔓时，选择晴朗天气定植。

设施菜豆密度不宜过大。若每穴栽 2～3 株幼苗，则行距为 50cm，穴距 20～25cm；若每穴栽 3～4 株幼苗，穴距可加大到 33cm 左右，每亩 4 000～5 000穴。矮生菜豆（菜豆）多利用大棚边缘定植，穴行距为 30cm×30cm。

（七）田间管理

1. 栽培管理

宜制定番茄生产和轮作计划，宜与非茄果类作物（如豆科作物、叶菜类等）轮作；宜利用种植豆科作物、绿肥、禾本科作物，以及免耕或土地休闲等方式恢复土壤肥力。有机蔬菜生产须进行包括豆科作物在内的至少 3 种作物轮作。

宜采用合理的灌溉方式如滴灌、渗灌等；有机蔬菜生产不得大水漫灌。

2. 环境调控

（1）温度

大棚、温室菜豆定植后，为促进缓苗，应保持较高温度，暂不通风，白天维持 25～30℃，夜间不低于 15℃，约 7d；开花期温度在 22～25℃最好，夜间不低于 12℃。

应随外界气温升高，逐步加大放风量，当外界气温不低于 15℃时，可昼夜通风，以降低湿度，促进开花、结荚。

（2）光照

采用透光性好的功能膜，冬春季节保持膜面清洁，白天揭开保温覆盖物。夏秋季节遮阳降温。

3. 灌水

菜豆结荚期前，对水分反应敏感，苗期水分多，易徒长，导致基部花序大量落花。因此，在基部花序结荚前要注意中耕保墒，适当蹲苗，促进根系向深广生长。

露地栽培：苗出齐后至3片复叶长出，根据土壤墒情，适时浇水，然后中耕蹲苗，直到第一花序基部嫩荚长到5cm左右时，结束蹲苗，追肥浇水。此后菜豆进入营养生长与生殖生长盛期，要求充足水肥供应，土壤湿度经常保持水量的60%～70%。炎热季节宜早晚浇水、追肥，热雨后要压清水。每采收1～2次结合浇水追施有机肥或叶面肥。

设施栽培：平畦定植菜豆，定植后浇明水，水量不宜大；开沟定植的，水渗后要及时封沟。如果墒情好，定植时温度又偏低，浇小水即可。浇过定植水后，再浇一次缓苗水，即可中耕蹲苗，之后不再浇水而加强中耕培土。当菜豆显蕾，停止蹲苗，浇小水，待坐住小荚时，加大浇水量。

4. 施肥

菜豆根吸收能力强，本身还有根瘤菌可以固氮，因此对养分要求不严格。在植株幼小根瘤尚未充分形成时，增施优质有机肥，以供应开花、结荚的需要。结荚时期，每采收一二次豆角后，应追施1次有机肥。

5. 植株调整

蔓生菜豆一般长到3～4片复叶时即开始抽蔓，节间伸长，再不能直立生长，要及时插架，使整蔓缠绕架杆生长。设施栽培中，当架豆爬架距棚顶较近时要进行摘心，以避免茎蔓缠绕，影响通风透光。

（八）病虫害防治

1. 主要病虫害

主要病害：细菌性疫病、锈病、炭疽病、病毒病等。

主要虫害：豆荚螟、蚜虫、叶螨、潜叶蝇等。

2. 防治原则

按照预防为主、综合防治的植保方针，坚持以农业防治、物理防治、生物防治为主，药剂防治为辅的原则。

3. 农业防治

①品种选择：针对当地主要病虫控制对象，选用高抗多抗的品种。通常蚜虫偏嗜茎叶无毛的品种；深色茎、花及花皮豆荚的品种较抗炭疽病等。

②合理轮作：病害发生严重的田块，与非豆科蔬菜实施3～5年以上轮作。

③种子处理：40%多硫悬浮剂50倍液浸种2h，再用清水冲洗干净后播种，可防治炭疽病、枯萎病。

④科学管理：加强田间管理，合理施肥；防止田间积水；及时清除田间落花、落荚，并摘除豆荚螟为害的卷叶和豆荚，减少虫源；及时摘除失去功能的病老叶片，发现病株立即拔除，田外销毁。炭疽病严重的菜田，不要用旧的豆架杆搭架，以减少该病的初侵染来源。

4. 物理防治

①设施防护：设施栽培时，门、通风口等处用防虫网封闭。

②色板诱杀：每5～7m^2悬挂1块黄色粘虫板，方向与畦面一致，诱杀蚜虫、粉虱、潜叶蝇等害虫。随菜豆生长调节黄板高度，使其高于菜豆植株20cm，粘满害虫时，及时更换。

③驱避蚜虫：宜覆盖灰色膜驱避蚜虫。

5. 生物防治

①宜保护利用瓢虫、草蛉、捕食螨等捕食性天敌和丽蚜小蜂等商品性天敌，防治蚜虫、叶螨等害虫。

②可采用病毒、线虫、微生物及其制剂等防治病虫害。

6. 药剂防治

（1）无公害农产品、绿色食品蔬菜

①细菌性疫病：新植霉素 4 000 ~ 5 000倍液或多抗霉素 400倍液，每 5 ~ 7d 使用 1 次，连续 2 次。

②锈病：发病初期用 50% 萎锈灵乳油 800 ~ 1 000倍液，或 25% 粉锈宁可湿性粉剂 2 000倍液，每 7d 左右喷 1 次，连续 2 次。

③炭疽病：发病初期用 75% 百菌清可湿性粉剂 600 倍液，或 50% 甲基托布津可湿性粉剂 500 倍液每 5 ~ 7d 喷施 1 次，连续 2 次。

④豆荚螟、潜叶蝇：成虫羽化盛期或幼虫孵化盛期用 48% 毒死蜱乳油 1 000倍液喷雾，安全间隔期为 1 周。

⑤蚜虫、叶螨：2. 5% 溴氰菊酯乳油或 10% 吡虫啉可湿性粉剂等 2 000 ~ 3 000倍液喷施，安全间隔期分别为 2d 和 7d。

注意：绿色食品蔬菜生产要求“每种化学合成农药在一种作物的生长期内只允许使用一次”，因此必须轮换用药。

（2）有机蔬菜

①细菌性疫病：发病初期 500 ~ 800 倍高锰酸钾水溶液或1∶1∶200（硫酸铜∶生石灰∶水）波尔多液喷雾，每 7d 喷施 1 次，连续 2 ~ 3 次。

②锈病：发病初期，50% 多硫悬浮剂 300 倍液喷雾防治，或喷施 500 倍碳酸氢钠水溶液，每 3d 使用 1 次，连续 5 ~ 6 次。

③炭疽病：发病初期 1∶1∶240（硫酸铜∶生石灰∶水）波尔多液喷雾，每 667m^2 喷波尔多液液 50 ~ 60kg，苗期一般喷施 2 次，结荚期喷 1 ~ 2 次，每次间隔时间 7d 左右。喷药重点为近地表的豆荚。

④病毒病：苦参碱或除虫菊素 800 ~ 1 000倍液，防治蚜虫。

⑤豆荚螟、潜叶蝇：成虫羽化盛期或幼虫孵化盛期喷施天然除虫菊素或苦参碱水剂 800 ~ 1 000倍液，或 Bt 可湿性粉剂 300 倍液防治，每 10d 喷 1 次，连续 2 ~ 3 次。

⑥蚜虫、叶螨：用天然除虫菊素或苦参碱 800 ~ 1 000倍液，或软钾皂溶液 300 倍，7 ~ 10d 喷洒 1 次，连续 2 ~ 3 次。

三、采收、包装、标识、贮藏和运输

（一）采收

达到商品特性时及时采收；采收时戴手套、轻拿轻放。

（二）包装、标识、贮藏和运输

无公害农产品、绿色食品与有机产品的包装、标识、贮藏和运输分别按照相关标准进行。

参考文献

[1] 杜相革，董民，等．绿色农产品生产与食品安全技术［M］．北京：中国农业科学技术出版社，2007.

[2] 杜相革，董民．有机农业导论［M］．北京：中国农业大学出版社，2006.

[3] 杜相革，董民，等．有机农业在中国［M］．北京：中国农业科学技术出版社，2006.

[4] 杜相革，王慧敏，王瑞刚．有机农业原理和种植技术［M］．北京：中国农业大学出版社，2002.

[5] 杜相革，史咏竹．木醋液及其重要成分对土壤微生物数量影响的研究［J］．中国农学通报，2004（2）：59－62.

[6] 曲再红，杜相革．不同土壤添加剂对番茄苗期土壤根际微生物数量的影响［J］．中国农学通报，2004（3）：48－50.

[7] 张宝香，杜相革．有机肥不同用量对瓜蚜和叶螨种群数量及黄瓜产量的影响［J］．中国蔬菜，2007，（2）：22－24.

[8] 张乐，杜相革．季节时序模型在温室内日湿度预测中的应用［J］．北方园艺，2008（4）：124－126.

[9] 中华人民共和国国家质量监督检验检疫总局，中国国家标准化管理委员会．GB/T 19630—2011．有机产品［S］．北京：中国标准出版社，2012.

[10] 北京市质量技术监督局．DB11/T 562—2008　有机蔬菜　生产［S］．北京：中国标准出版社，2008.

［11］北京市质量技术监督局 . DB11/T 700—2010　有机食品　番茄设施生产技术规程［S］. 北京：中国标准出版社，2010.

［12］北京市质量技术监督局 . DB11/T 701—2010　有机食品　黄瓜设施生产技术规程［S］. 北京：中国标准出版社，2010.

［13］中华人民共和国农业部 . NY/T 5006—2001　无公害食品　番茄露地生产技术规程［S］. 北京：中国标准出版社，2001.

［14］中华人民共和国农业部 . NY/T 5007—2001　无公害食品　番茄保护地生产技术规程［S］. 北京：中国标准出版社，2001.

［15］中华人民共和国农业部 . NY/T 5075—2002　无公害食品　黄瓜生产技术规程［S］. 北京：中国标准出版社，2002.

［16］中华人民共和国农业部 . NY/T 5220—2004　无公害食品　西葫芦生产技术规程［S］. 北京：中国标准出版社，2004.

［17］中华人民共和国农业部 . NY/T 5081—2002　无公害食品　菜豆生产技术规程［S］. 北京：中国标准出版社，2002.